中央宣传部　新闻出版总署　农业部
推荐“三农”优秀图书

全方位养殖技术丛书

肉鹅生产技术问答

李帮文　张　帆　廉爱玲　主编

U0817306

中国农业大学出版社

主　　编　李帮文　张　帆　廉爱玲
副 主 编　梁俊文　徐海花　房振伟
编　　者　王翠华　周开锋　鹿道新　王启水
　　　　　赵永国　高玉军

畜禽全方位养殖技术丛书编委会

主　　任　王建民

副 主 任　张洪杰　王福强　王金文　王凤英
　　　　　曾宪辉　魏述东

委　　员　（按姓氏笔画排序）
　　　　　马明星　刘建胜　田夫林　张振坤
　　　　　曹洪防　程德君　秦长川　袁传溪
　　　　　郝庆成　魏敬才　吴占元　曲绪仙
　　　　　吴云峰　李祥明　徐相亭

总　序

畜牧业是以植物性和动物性产品为原料，通过动物生产获得人类必需动物产品的产业，其主体是养殖业。在发达国家，畜牧产值占农业总产值的比例多在60%以上，个别人多地少的国家甚至超过80%。畜牧产品作为国民经济支柱产业的食品加工业的原料供应已占到80%，人均年消费的食物中，肉、蛋、奶分别达到100 kg、15 kg和300 kg，占总量的80%。这说明，现代畜牧业已成为农业乃至国民经济的重要组成部分，其发展水平也成为一个国家或地区发展水平的重要标志。

我国畜牧业的发展大致经过家庭副业、专业饲养和规模化饲养3个阶段，目前正在更广泛的区域向现代集约型方向转变，特别是改革开放以来的20多年，我国畜牧业得到迅速发展。主要表现在：①畜牧生产总量稳定增长，如2002年肉、蛋、奶总产量比1978年提高6～11倍，人均占有量和年均消费量也都有大幅度提高；②畜牧业科技含量明显提高，如主要畜禽的良种覆盖率、饲料转化率和发病死亡率等生产指标得到有益的改变，科技进步对畜牧经济增长的贡献率超过45%；③畜牧业在农业生产体系中的主导地位已基本确定，如畜牧业产值占农业总产值的比例由1949年的12.4%、1978年的15.0%上升到2000年的30%以上；④畜牧产业化格局初具雏形，如社会化服务体系日趋完善、规模化经营不断提高和多渠道开拓市场初见成效等。

但是与发达国家相比，我国畜牧业面临着生产结构失调、草原资源严重退化、饲料资源不足（尤其是蛋白质饲料资源缺乏）、畜（禽）种资源被无控制地杂交化、科技推广工作薄弱、疫病损失严重等问题，既影响到当前畜牧生产的产业化经营，也影响到我国畜牧业的可持续发展。实践证明，只有通过推广和实行标准化、规范化生产技术，不断提高畜牧业的科技含量才能切实解决这些问题，使我国的畜牧业跨上一个新的台阶，大大缩短与发达国家的差距。

根据我国国情，并借鉴发达国家的经验，笔者认为我国未来畜牧业发展的策略应是：①改变以粮为主的传统观念，建立种草养畜、以牧为主的农业生产体系，提高资源利用效率；②改变以猪、鸡为主的畜（禽）种结构，建立以食草畜禽为主、稳定食粮畜禽的畜牧生产体系，提高市场适应能力；③改变以品种改良为主的单一增产措施，建立良种良法配套的实用技术推广体系，提高整体科技含量，力争用10～15年的时间，使我国畜牧业基本实现良种化、产业化，生产水平跨入世界先进行列。

为了适应农村产业结构调整的需要和提高当前畜牧业从业人员的技术水平，中国农业大学出版社策划出版了这套畜禽全方位养殖技术丛书。本丛书畜（禽）种涉及到猪、鸡、鸭、鹅、羊、兔等，并以各畜（禽）种的关键生产环节为主题单独成册，内容上坚持以技术操作性强、文字简明易懂和学以能致用为原则，注重吸收现代畜牧科学的新技术和新方法，并与生产中的传统常规技术相结合，使之综合配套。

相信这套丛书能够全方位、多层次地满足读者需要，为广大畜牧业从业人员规范生产技术、提高养殖效益提供帮助。

王建民

2003年3月18日于泰安

前　言

我国养鹅历史悠久，饲草资源丰富，尤其是种草养鹅技术的推广，畜牧业生产结构向节粮型、草食性方向调整。肉鹅生产将成为我国农村产业结构调整中的新亮点。肉鹅属于草食家禽，以青绿粗饲料为食，且具有生长快、耐粗饲、耗粮少、周转快、效益高、抗病力强等特点，既适合于放牧圈养，又可以舍内工厂化生产。肉鹅产品营养丰富（高蛋白、脂肪多为不饱和脂肪酸），熟制品自成系列，风味独特。因而肉鹅生产具有广阔的发展前景。

为适应这一发展需要，满足广大生产者肉鹅养殖的技术需求，我们编写了《肉鹅生产技术问答》。本书涉及肉鹅品种介绍、经营管理、饲养管理、疾病防治、污物处理和利用、环境控制、产品加工等内容。具有较强的实用性和可读性。

由于水平有限，书中难免存有缺点和不足之处，敬请读者朋友批评指正，对关心支持我们的专家们致以真诚的谢意。

编　者

2003 年 2 月

目　　录

☞ 1. 肉仔鹅生产优势有哪些?

肉仔鹅生产优势主要体现在以下几个方面:

(1)投资少、效益高。肉鹅适宜的饲养方式是放牧饲养,充分利用天然的放牧场地养鹅,成本低,不需要很多的贵重设备,在水源充足的条件下,只需要简易的棚舍以供晚间过夜使用,以及一些简单的育雏用具,如竹筐、食槽、水槽或饮水器等。养肉鹅需要的流动资金也较少,主要包括肉鹅苗、饲料等费用。养一只3.5 kg重的鹅,其鹅苗和饲料费用不足10元,按每千克价格6元计算,可获毛利10元左右,由此可见养肉鹅具有投入少、效益高等特点。

(2)生长周期短、见效快。在肉仔鹅中,从出生到上市屠宰为一个生产周期。肉鹅的生产周期短,与肉鹅早期生长发育快是分不开的。据研究,不同禽种从初生重到体重加倍的时间,鹅只要6～8天,鸭要8～10天,鸡和火鸡则要12～15天,以鹅最短。鹅4周龄体重可达到成年体重的40%,鸡只能达15%;鹅8周体重可达到成年体重的80%,鸡只能达60%,火鸡则只能达到15%,仍然以鹅为最快。我国肉鹅种中的小型鹅种60～70日龄体重为2.5～3.0 kg;中型鹅种70～80日龄可达3～4 kg;大型鹅种90日龄可达5.0 kg以上。生产周期短,缩短了从投入到产出的时间,加快了资金的周转,从而提高了劳动生产率和经济效益。

(3)食草性节粮型。肉鹅属食草性节粮型家禽,具有强健的肌胃和比身体长10倍的消化道,以及发达的盲肠。肉鹅的肌胃在收缩时产生的压力比鸡、鸭都大,能有效地裂解植物细胞壁,使细胞汁流出。据测定，鹅对青草粗纤维的消化率可达45%～50%，能充分利用草山草坡、滩涂草场、田边地角、河滩沟渠及房前屋后的零星草地的青绿饲料。肉鹅的盲肠中含有较多的厌氧纤维分解菌，能将纤维发酵成脂肪酸，因而肉鹅具有利用大量青绿饲料和部分粗饲料的能力。在放牧条件良好的情况下，肉仔鹅达到上市体重时每增重1 kg，耗精料仅需500 g。一般说来，用养1头肥猪的饲料来养肉鹅，产肉量为猪肉量的3倍多。

(4)产品营养丰富，品种多。鹅肉鲜嫩味美，营养丰富。近几年形成了鹅肉系列产品，如烤鹅、咸水鹅、熏鹅、分割鹅等，深受市场欢迎。尤其是腌制的鹅肉，紫里透红，油香四溢，别有一番风味。鹅掌、鹅翅、鹅肝等也独具特色。鹅蛋中蛋白质的含量多于鸡蛋和鸭蛋。鹅血、鹅胆、鹅掌黄皮都是较好的药材。

肉鹅的产品主要是鹅肉，与猪、羊肉相比较，脂肪含量较少，肉质细嫩，营养丰富。鹅肉的脂肪含量只有11.2%左右，而瘦猪肉脂肪含量为28.8%，瘦羊肉为13.6%；而且鹅肉脂肪中含的不饱和脂肪酸比猪、牛、羊肉都高，对人体健康更为有利。鹅肉除直接食用外，传统的加工产品丰富多样，风味独特，备受广大消费者的青睐，同时也使肉鹅得到增值。鹅绒富有弹性，吸水率低，隔热性强，质地柔软，是高级衣、被的填充料，随着羽绒制品向时装化发展，羽绒大大增值。20世纪80年代以来，随着我国鹅、鸭活体拔羽绒技术的推广，羽绒的产量和质量得到进一步的提高，掀起了养鹅业发展的新高潮。鹅肥肝是一种高热能的食品，也是家禽产品中的高档品，具有质地细嫩、营养丰富、风味独特等优点，成为西方国家人民口中的美味佳肴。肉鹅除上述3大产品外，还包括内脏、鹅血、鹅羽毛等副产品，这些副产品有的是上等食品，如内脏加工成的香肠、灌肠和腌腊风味食品，以及将鹅肫风干制成的鹅肫干在国际市场都很走俏。有的副产品还具有药用价值。

☞ 2. 肉仔鹅生产的前景如何?

改革开放以来,肉仔鹅生产有了迅速的发展。1948 年全国的养禽量为 2.5 亿羽,其中仔鹅为 724 万只,1957 年全国家禽存栏量为 7 亿多只;到 1982 年家禽存栏量达到了 11.8 亿只,活鹅出口达 243 万只,羽绒制品出口额约为 1.2 亿美元;1986 年我国羽绒出口 1.1 万 t,创汇 1.5 亿美元,占世界羽绒总出口量的 30%左右,居于世界第一位;1988 年全国家禽存栏数达 22.6 亿羽,鹅约为 2.6 亿只,占养禽量的 11.5%,鹅肉产量约 50 万 t,羽绒及羽绒制品出口创汇约 3 亿美元。近几年来,发展养鹅等高效节粮型草食畜禽成为我国畜牧业战略性结构调整的重要举措,全国各地掀起了种草养鹅的热潮,1998 年全国鹅饲养量猛增到 5.18 亿只。许多地方将发展养鹅当做脱贫致富的项目和突破口,并走上产业化的道路,养鹅正成为加速畜牧业发展、振兴农村经济的一个新的特色行业。

近年来,我国的畜牧业取得了举世瞩目的成就,在农村经济中已由传统副业一举发展成为相对独立的支柱产业,成为整个国民经济中重要的具有鲜明特色的产业。目前,畜牧业产值占农业总产值的比重超过 30%,彻底摆脱了长期依附于农业的附属地位,并迅速地向现代化方向发展。现代化的方向在于大幅度地提高生产效率,主要是劳动生产率、畜禽生产率和饲料转化率,以取得更高的经济效益。

☞ 3. 什么是肉鹅生产技术的现代化?

肉鹅生产技术的现代化主要包括以下几个方面:

(1)生产机械化。在生产的各个环节都使用机械,并相互配套,形成机械化的配套操作。在饲料加工、配合和饲喂上,机械化操作已具备条件。在孵化上,不仅实现机械化,而且自动化也较高。肉鹅屠宰、加工、填肥的机械化以及饮水的自动化方面不存在困难,困难在于排粪的机械化,无论是网上平养还是地面平养或是笼养,都要解决这个难点。笼养时怎样才能减轻捉鹅操作的劳动强度,也是一个复杂的问题。当然,在机械化上只能量力而行,逐步发展,不能操之过急。

(2)饲养标准化。按照肉鹅在不同情况下对各种养分的不同需要,喂给相应的全价饲料。现在我国还没有鹅的饲养标准,随着对肉鹅消化和营养研究的深入,肉鹅在不同时期对各种养分的需要将逐步实现标准化。在这个过程中,一定要注意发挥鹅利用粗饲料能力强的特点,研究出适合不同鹅种在不同的生长发育阶段的饲料及饲养方法。饲养标准化的实现,还有待于草业产品生产和开发的配合,特别是草粉这一产品生产和使用的配合。看来,实现饲养标准化第一步是放牧加补饲相应的配合饲料,第二步是全舍饲全价配合饲料。

(3)品种优良化。普遍推广优良品种,广泛利用杂交优势,使肉鹅群保持良好的种质优势。品种优化的基础是良种繁育体系的建立和健全。我国养鹅业在这方面的条件要比养鸡业、养猪业差得多,国外良种还没有正式的繁育基地,国内良种虽有育种场,但未能形成繁育体系。实践证明,无论是肉仔鹅生产还是鹅肥肝生产,利用杂交优势能取得明显的效果,而且需要的投入较少。今后,首先要有计划地重点抓杂交优势的利用,在有条件时再重点抓专门化品系的培育和配套杂交。

(4)繁殖高效化。只从选育上去提高繁殖力是不够的,还要在繁殖技术的提高上下功夫。推广鹅的人工授精,良种选育,调控光照时间,改善种鹅饲养管理,掌握先进孵化技术等,都能提高鹅的繁殖力。较快又比较容易实施的方法是精选种公鹅,改善种鹅的饲养管理和推广人工孵化。在实现繁殖高效化上,我国的条件和基础比外国好。不过,从世界范围看,肉鹅的繁殖技术尚没有什么新的突破。

(5)防疫制度化。消灭或基本消灭鹅的主要传染病,使鹅群健康生长。健康化是养鹅业安全生产的必要保证。要实现这一点必须制定和颁布动物防疫法规,完善和健全防疫灭病体系,使防疫、检疫、扑灭工作的综合防治措施真正落实到具体单位和具体环节。比较有利的是,目前鹅的主要传染病,基本上都有了有效的疫苗或药物。但相应的兽医法规不够完善,综合防治措施应进一步落实。

☞ 4. 什么是肉鹅生产经营管理的科学化及肉类产品开发的多样化?

我们所说的经营管理是指按照客观规律,对人、财、物及时间和信息技术等要素进行综合研究,并就养鹅业的各项活动,进行决策与实施,组织与协调的经营管理行为。它包括的内容有总体规划的编制、生产规模的确定、专业分工的确定、社会协作的组织、生产活动的调控,等等。它虽然属于社会科学的范围,但需要自然科学的支持。经营管理是一种手段,科学的经营管理能使同样的生产要素取得更好的经济效益和社会效果。经营管理是我国养鹅业的薄弱之处,在市场经济年代尤其要给予充分认识,努力提高经营管理水平。

肉鹅生产的季节性是指种鹅产蛋的季节性、孵化的季节性、饲草的季节性及活鹅出栏的时效性等。随着肉鹅产量的提高和饲养的标准化,肉鹅的季节饲养不明显,将逐步向全年饲养转变,以适应市场的需要。转变的关键在于全价饲料的生产及其使用的经济效益。现在长江流域一带用自制的配合饲料饲养冬鹅成功,并取得较好的经济效益,证明这种转变是完全可能的。产品开发利用,就是通过不同部位、不同层次利用的结合,使鹅体综合利用。利用越综合、越深入,生产成本越低,经济效益就越高,以实现少投入,多产出。我国虽在各种产品的开发利用上有了突破,但在上质量、上规模、上档次上还存在着差距。

☞ 5. 什么是肉鹅生产的产业化?

肉鹅产业化是指牧工贸一体化经营。实行肉鹅产业化的过程,实质上就是资源重组、各类生产要素优化配置的过程。当前,肉鹅的产业化建设在我国各地发展很快,各种形式的产业化组织大量涌现。实践证明,实行肉鹅产业化,有利于引导千家万户分散的小生产进入社会化大市场,增强其市场竞争和抵御风险的能力,实现肉鹅产品多层次转化增值。提高肉仔鹅生产的综合效益,以加快农民增收致富的步伐,促进我国肉鹅业持续稳定地协调发展。

以上几个方面,是相互促进和相互制约的,在不同的地方和时期,由于不同的条件和基础,肉鹅业现代化的道路和方式也将有所不同,但总体方向和反映现代化特点的内容是不会变的。实现肉鹅业的现代化,需要一个较长的历史时期才能完成,需要作出艰苦的努力,因为这需要多种科学技术的组合,受多种条件的制约。目前看来,实现肉鹅业的现代化主要取决于科技,装备上的可行性以及经济上的稳定性,既包括自然科学,也包括社会科学,还包括两者的相互结合;既包括管理者的科技水平,也包括生产者的科技水平,还包括经营者的科技水平,它是实现肉鹅业现代化的基础。要把科研成果向生产转移,要把潜在的生产力转化为现实的生产力。要让生产者和经营者有合理的收益。

☞ 6. 肉鹅场经营成功的要素是什么?

肉鹅场经营成功的要素主要有以下几个方面:

(1)建场的要素。如场址选择位置适当,交通方便,水、电供应稳定、可靠。场内房舍建造经济、适用;各项建筑物配置合理,比例适当。所建鹅舍在投资限度内,于当地气候条件下,能为尽可能密集饲养的肉鹅创设良好的环境。购置的设备价值合宜、规格适当、性能优良。

(2)生产方面的要素。如饲养的肉鹅健康而高产。能稳定地购进价格不高、品质优良、品种齐全、可充分满足饲养鹅种营养需要的各种饲料和添加剂。能严格有效地贯彻综合防疫措施。产品销路可靠,价格有利。技术人员技术熟练,经验丰富,工作主动,措施及时。管理人员与饲养人员责任心强,工作认真,技能好,效率高。

☞ 7. 肉鹅场场长的职责是什么?

场长是肉鹅场的组织者和领导者,或兼任技术工作。场长工作的成效对全场生产水平的高低、经济盈亏的程度有着直接的影响。因此,选用称职的场长是搞好肉鹅场的关键。其基本职责如下:完成或超额完成生产计划,达到应有的生产水平;完成或超额完成财务计划,获得良好的经济效益;抓好技术革新,尽可能采用新技术、新工艺,进一步提高生产水平与劳动效率;抓好增产节约,充分发掘场内生产潜力,尽量降低各种物资的消耗和饲料的浪费;注意安全生产,防止发生重大责任事故或人身事故;遵守国家与本场有关的法令、制度及价格政策。

☞ 8. 什么人适合当肉鹅场的负责人?

作为一名合格的场长,除具备执行职务所必须有的文化知识外,还应具备以下各项条件:办事公道,为人正直,诚实可靠,有觉悟,讲信用;工作积极主动、热情,富进取精神与创造性;思想敏锐,能及时发现、思考与解决问题;熟悉业务,掌握生产规律和技术要领,富有实践经验;计划性强,工作有条不紊;注意掌握工作进度;敢于承担责任,勇于革新;有一套完整的、科学的用人机制,能发挥场内人员的专长、技巧和积极性;能重视并认真听取领导和群众的意见;待人和蔼,关心职工生活。

☞ 9. 肉鹅场的生产管理包括哪些内容?

肉鹅场生产管理的主要内容是建立必要的生产组织,确定合理的生产计划,在尽量减少非生产人员的原则下,有效地组织与鼓励场内管理人员和工作人员发挥积极性并坚持不懈地搞好肉鹅场生产。

(1)组织安排。行政系统组织安排,包括统计、财会、物资保管与供应、饲料、电气水暖、维修、运输、产品保管与销售、安全保卫、生活服务等人员或组织。各场视规模确定编制,大场可能一个单位有数人,小场可能一人兼任数职。要求做到:有单位就有人负责;凡事有人管,每人有适当的工作量,杜绝单位虚设、人浮于事的现象。生产系统的组织安排视肉鹅场性质而定,如为综合性肉鹅场,场内养有各类各种日龄的肉鹅,就需设置较多的组织,如种禽组、孵化组、育雏组、育成组、蛋禽组、肉禽组、兽医组等。如为专业性肉鹅场,场内只养同日龄的一类肉鹅,可能就只有一个雏禽组或蛋禽组,或肉禽组再加一个兽医组。综合性肉鹅场难以严格防疫防病,容易导致场内传染病的循环传播,有条件的地方,以建立专业性肉鹅场为宜。不管是行政或生产系统,单位与人员都以精干、少为好,这无论对减少机构,提高办事效率,降低成本,提高全员劳动生产率都有好处。

(2)人员安排设备条件。包括管理方式、设备性能与机械化程度,这些是影响饲养定额最主要的因素。对工作面小又全部机械化作业的笼养鹅,饲养员的工作只是观察鹅群,检查供料、供水、集蛋、清粪系统和光照、通风设施的运转情况和做一些卫生清扫工作。如设备条件差,平面饲养,未实行机械作业的,限于体力,饲养定额不能太高。按照肉鹅种类分配人员。幼鹅在供温期间,需昼夜照看,一般要额外增加人员。体重大的肉鹅由于占的饲养面积大,采食量多,或者需要放牧的,一般饲养定额均较低。人员基本素质包括饲养人员的技能、体力、熟练程度和效率,其中后两者影响较大。一般肉鹅场生产中重体力劳动的工作不多,干活勤快、工作敏捷的人,可承担较高的饲养定额。鹅舍面积:为便于防疫,特别是实行岗位责任制,最好在鹅场设计时,就考虑到每舍安排 1~2 位饲养员。鹅舍面积、舍内布置和饲养数量应能符合 1~2 个人的饲养定额,并便于工作。工作量:主要是对手工操作的各项劳动按项计量统计。统计工作:记录每一班工作时间内,从开始到结束各项操作,包括重复操作在内各用多少时间,然后累加,即可算出每天供水、供料、拣蛋、清粪、调节舍内通风与温度、进行光照、观察鹅群、作生产记录、清理环境等总共用多少时间,即可算出上班期间实际工作时间是多少。

(3)建立完善的生产责任制。生产责任制是从上到下制度化、具体化的生产管理。实行这种管理方法,可充分调动每个单位、每个成员的工作积极性,做到责、权、利分明,有助于提高生产水平和劳动生产率,这是搞好肉鹅场经营管理、提高经济效益和形成良好生产秩序的重要保证。全场每个单位都规定有工作范围和要求,每个人也各有其岗位责任,用简明的条文确定下来。条文上应明确职责和权限,规定具体任务和要求,也写清联产计酬方法,真正做到多劳多得,奖罚分明。建立了生产责任制,还要通过各项记录材料的统计分析,定期核算和检查,用记分方法计算出每一单位、每一成员完成的任务及其工作成效等情况,以此作为成绩考核和进行奖罚的主要依据。尽可能做到奖其应奖,罚其该罚。

(4)制定长期和短期的生产计划。生产计划是肉鹅场全年生产任务的具体安排。制定生产计划要尽量切合实际,只有切合实际的生产计划,才能更好地指导生产,检查进度,了解成效,并使生产计划完成和超额完成的可能性更大。

☞ 10. 怎样制定合理的生产计划?

制定生产计划的主要依据是根据过去各项生产实际成绩,特别是近一两年来正常情况下场内达到的水平,这是制定生产计划的基础。将当前的生产条件和过去的条件进行对比,主要在房舍设备、鹅种、饲料和人员等方面比较,看有否改进或倒退,根据过去的经验,制定新计划增减的幅度。采用新技术、新工艺或开源节流,挖潜可能增产的数量。有些肉鹅场要根据上级单位下达的任务来制定生产计划,一般上级单位下达任务之前也要进行调查研究,尽量使下达的任务能完成。生产计划的基本内容有:

(1)主要产品的计划。鹅场的主要产品是肉鹅,只有订出鹅群周转计划,才能根据鹅群数量和生产指标编制产品生产计划、饲料与物资供应计划,然后再根据这些制定出财务计划等。鹅群周转计划是根据生产计划安排的生产制度,以表格形式列出场内全年各个月份饲养鹅群的数量。不同的肉鹅场,鹅群周转计划其繁简程度不同。综合性肉鹅场因含有各类不同日龄的肉鹅场,需按各类鹅,如种鹅、蛋鹅、雏鹅分别编制周转计划,比较复杂;专业性肉鹅场如采用全进全出饲养制,编制鹅群计划最为简单,因为同一日龄,不管饲养只数多少,均以同一单位计算。

(2)产品生产计划。不同肉鹅场其产品不同,如肉鹅场的主产品是肉鹅,联产品为淘汰鹅,副产品为鹅粪;蛋鹅场的主产品是鹅蛋,联、副产品与肉鹅场基本相同。在做产品计划时须分别编制主产品、联产品与副产品生产计划。产品生产计划同样以上述专业性 10 万只蛋鹅场为例,按该场每月饲养日母鹅数,乘以每月天数,得数为每月累计饲养日母鹅数,再以月计划产蛋率得月产蛋总数。计划产蛋率是参考过去各个月的产蛋率,或根据饲养鹅种的产蛋性能指标拟订的。此产蛋率为全场产蛋率,即各栋鹅舍平均产蛋率。用月产蛋总数乘以月平均蛋重,除以 1 000,即得出每月生产的总产蛋千克数。

(3)饲料计划。饲料计划是根据月累计饲养数,乘以每只肉鹅每天耗料,得数为月累计料,详见表饲料计划。这个饲料计划是全场各个月份饲料消耗的数量。然后应根据饲料消耗数量,按饲料配方中各种饲料种的配合比例,算出各个月份所需各种饲料的数量。编制饲料计划时须注意:①每只肉鹅每天平均耗料是根据过去鹅群实际采食量,或者按肉鹅饲养标准计量;②饲料计划中的数量应比实际采食量高5%左右,因在运输、保存等环节中会有些耗损;③为使生产保持尽可能的平稳,在编制饲料计划中应有适当的贮备,特别是一些紧缺饲料,以供调节。

(4)物资供应计划。物资供应主要有以下5类:①设备。分新添与更新的设备,以及零、配件等。②建筑与电气材料。用于新建或维修。③药物、疫苗。此类应由兽医人员提出。④能源。煤、柴油、汽油等。⑤低值易耗品。包括常用的工具、文具与灯泡等。物资供应计划应先由场内各单位提出后再汇总。

(5)资金计划。资金计划一般也作为生产计划的一部分。财务计划实际上是肉鹅场的年度预算,分收、支两部分。收入含主产品、联产品、副产品及其他收入。支出含肉鹅、饲料、各类物资、工资及附加工资、交通运输、房舍维修与房舍设备折旧、管理费、利息等。收入与支出的差额正数为利润,负数为亏损。

(6)编制生产计划。编制的生产计划应切实可行,生产计划中各项指标要适当留有余地,使工作人员努力生产后有产可超。依靠职工群众编制生产计划,编制前后要充分听取群众的意见,只有这样,制定的各项指标才可能符合实际,才能很好发挥全体职工的积极性,成为大家共同奋斗的目标。

☞ 11.怎样进行经济效益估测?

肉鹅场的生产管理中开始使用微机,有鹅群生产预测,房舍设备利用计划等多项专用的软件,对提高鹅场计划性、管理水平与经济效益有明显作用。随着计算机的普及,不难预料,今后国内一些大、中型鹅场在生产与管理中使用微机利用专门软件的也将日益增多。在尚未设置微机的鹅场,为了使肉鹅场经营更有预见性,能及早估计重大决策的损益,应适时地对生产成本、采用措施与投资等项进行经济效益的估测。

(1)生产成本的估测。生产成本是盈亏的分界线,知道生产成本即知盈亏,生产成本一般按单位主产品计值,估测生产成本则不需详细核算,只要知道饲料费用占生产成本比率,以及一些现成的数字即可很快算出结果。当然,饲料费用占生产成本比率也是通过以前核算生产成本时得来的。在费用价格都比较稳定的情况下,一个生产经营成本控制得比较成功的肉鹅场,这个比率基本稳定,它是肉鹅场生产经营优劣的一项标志,比率愈低经营愈佳,其范围一般在60%～70%。

(2)新措施效益的估测。为提高生产效率,通常在营养、环境、管理和疾病防治等方面采取一些新措施。衡量采取新措施的效果,要看其对生产效率增、减的幅度。肉鹅场生产效率主要指标为料蛋比与料肉比,或通称饲料转化率。因此,评价一项新措施,要看其对饲料与产品比率影响的大小和由此而形成价值的多少,再和新措施的费用相比较,以确定其经济上的可行性。

(3)投资效益的估测。肉鹅场为扩大生产、更换鹅种或增添设备等,需进行新的投资。投资的资金靠贷款,而贷款一般都要付息,因此,有必要了解贷款所投入的资金对经济效益的影响。为此,须进行投资效益的估测。此项估测是根据贷款投资后增加销售额的低限为准,此低限是投资损益的分界线。

☞ 12.投资建场的一般程序是什么?

建设一个理想的肉鹅场一般程序是:立项,可行性论证,方案设计，工程设计，工程招标，组织施工，工程验收。工程设计是项目建设的技术保障，为了确保设计质量，国家规定了土建工程设计工作的程序，即初步设计、技术设计和施工图的设计。每段程序均有图纸和文字说明作为下道工序的依据。

生产工艺包括鹅场的性质规模、饲养方式、工艺阶段划分及流程、鹅的品种选择、饲养技术、技术经济指标及管理定额的确定等。工程工艺即与生产工艺配套的工程技术选择及配套工程设施，包括鹅舍建筑选型配套，建筑长、跨度确定和鹅舍分栋，房舍建筑分区和工程防疫区划，养鹅设备选型配套，鹅舍环境参数和建筑设计参数的选定等。

场区和鹅的环境工程包括场区的环境区划和总图设计，场区道路规划设计及绿化布置，场区给排水及卫生防护设施，场区及鹅舍的工程防疫设施，各鹅舍环境工作设计如通风、保温、防潮、光照等。鹅舍建筑设计根据鹅场养鹅工程工艺和环境工程的功能保证，从建筑、结构、采暖、通风、给排水、电气电路的配电工程等方面进行设计。

☞ 13．建设肉鹅场应注意哪些因素？

鹅场总体规划，鹅舍建筑以及设备选型等所有工程设施，都必须符合鹅群的生物学特点和行为习性的要求。生物学因素方面应根据鹅群的生物学特点和行为习性设计。鹅的体高在 700 mm 左右，空间活动范围一般在 1 200 mm 高度以内，在进行鹅舍环境工程设计和考虑鹅群所处环境状况时，着眼点应放在鹅的活动区。鹅的体温高，基础代谢旺盛，鹅的正常体温在 40.5～41.7℃。鹅群生产活动最适宜的环境温度为 13～23℃，在工厂化密集型饲养的情况下，夏季需要注意通风降温。鹅受疾病侵害较多，尤以工厂化密集型饲养更易发生传染病、寄生虫病和营养缺乏症。因此，在工程设计方面要严格实施工程防疫措施。利用地形地势、主风向、安全角以及植树绿化和行之有效的鹅舍雾化消毒措施使鹅舍经常处于干净状态，以杜绝各类传染病，防止交叉感染。鹅的神经类型活跃，易受惊吓而引起骚动，对突然的声、像、动作变化易受惊扰。故在场地选择、环境规划时要注意避免应激因素。鹅对光线敏感，舍内光照不宜过强。鹅的天敌多，需防天敌黄鼬、老鼠、猫类等鹅的害兽。鹅与雀、鼠有共患病，很多疫病都是通过它们传染，因此，需设防雀网。

环境因素方面。养鹅发展史已经证实，集约化养鹅场要获得成功，必须有良好的环境工程措施作基础。鹅场的工程防疫措施，大体有以下几种：全进全出是控制那些在鹅体外并不能长期存活的致病因子的最有效的方法，适用于大多数呼吸道感染疾病，如霉形体感染、传染性鼻炎、喉气管炎。大型养殖企业，有条件的应力争实行整场全进全出。起码应做到小区或一栋鹅舍全进全出，每个功能单元可以隔离封锁；工作人员、设备等都采取严格的安全措施。控制垂直传播主要是蛋媒疾病和孵化过程中对雏鹅的污染。因此，种鹅生产、人工授精器械的消毒和种蛋采集应备加重视，减少致病因子对种蛋的污染。在某些地区隔离，养鹅企业高度集中，尤其是肉鹅饲养，出现了养鹅村，更要实施有效的隔离和消毒，最好能划出专门区域饲养。

☞ 14. 肉鹅场应怎样进行选址？

(1)水源。肉鹅为水禽，当然宜在有水源的地方，除了饮用外，清理羽毛、放水、活动、配种等都离不开水。包括河流、池塘、溪涧，只要是无污染、流动(非激流)的水源皆可以利用，水面不一定需要很宽、很深。所以在没有自然水源可以利用，需要建造人工游泳水沟时，只需 1～1.5 m 宽，30～40 cm 深，水能经常更换，引进和排出都很方便就行。水源岸边应栽有可以遮阳的树木。水源应在肉鹅舍前面与肉鹅舍平行。与肉鹅舍之间应设有运动场(最好水泥地面，便于冲洗消毒)，水面与运动场的连接处不能呈陡壁，应自然倾斜深入水池，所以岸与水面应有一定的倾斜角度。根据实践证明，肉鹅爬坡度不能超过 60°，否则，上岸困难。尤其产蛋肉鹅容易造成损失。饮用水应是清洁而有保证的自来水或井水。

(2)地势和风向。肉鹅舍建筑应像其他畜舍一样，需要保持干燥，排水畅通。所以除了室内外应有良好的排水系统外，对肉鹅舍地下的土壤也有要求，最好建在沙质壤土而地势又比较高的地方，不但冲洗消毒后排出及时，并且雨后干燥很快，给管理活动带来便利。肉鹅舍和其他畜舍一样，要求冬暖夏凉，空气流通，经济实用。所以，建造方向极为重要，不可忽视。建造时应取面朝南向。根据我国所处的地理位置，夏天多东南风，冬天多西北风，因此，肉鹅舍宜面向南偏东 10°～15°。

(3)水、电、路三通。三通指水、电、路通畅，有经常供应的清洁用水、自来水、无污染的河水或者是深井水，以保证人员与肉鹅群的饮水用水；在规模生产的条件下应有可靠的电源，电源很重要，切碎青饲料、自制颗粒料、水塔供水用电、照明用电以及其他日常管理用电等，肉种鹅饲养场应备有电灯(电源)，以求控制光照，促进生产性能的发挥。路是指交通方便，这是所有畜禽场建造前必须考虑的重要条件，因为各种原料的运进和产品的运出需要车辆来完成，这就要求肉鹅场外有运输道路，能与公路直通，场内运输道宽度不能少于 3 m；肉鹅场离开交通要道(公路)的距离不能少于 300 m，太近于防疫不利，太远又不方便，运输成本大，因此，要掌握肉鹅场与外界联系通道便与不便的原则。

(4)有足够的饲草资源。肉鹅是以食草为主的家禽，每只肉鹅一天可以消耗 1.5～2.5 kg 青草，因此，肉鹅场建设地点，必须有较多或较大的可供放牧的草地，或者能方便地得到草源的地方，当然即使是有广阔的草场，也应注意如何分区轮牧，或者改放牧为刈割喂用，以保护草地资源，有利于持久地充分利用。同时，还要根据实际需要改造野生杂草为人工栽培牧草,努力提高牧草质量和产量,以及每平方米草地面积的养肉鹅量。

☞ 15. 适合于仔鹅生产的国内肉鹅品种有哪些?

我国肉鹅因体型大小不等,早期生长速度差别亦大。初生重 71～122 g,60 日龄活重 2.5～3.5 kg,90 日龄活重 3.7～4.5 kg,具体品种有皖西白鹅、雁鹅、溆浦鹅、浙东白鹅、鄢县白鹅、长乐鹅、阳江鹅、闽北白鹅、永康灰鹅、钢鹅、马岗鹅、狮头鹅、伊犁鹅、太湖鹅、四川白鹅、固始白鹅等。

(1)皖西白鹅。皖西白鹅是安徽省西部丘陵山区、河南省固始地区的鹅种之一,具有早期生长快、耐粗饲、耗料少、肉质好、羽绒品质优良等特点。主要分布在皖西霍邱、寿县、六安、肥西、舒城、长丰等县以及河南的固始等县,外貌特征为全身羽毛洁白,细致紧凑,体态高昂,神态英武。肉瘤橘黄色,圆而光滑,无皱褶,喙橘黄色,喙端色较淡,虹彩灰蓝色,胫蹼橘红色,约 6% 的鹅颌下带有咽袋。公鹅肉瘤大而突出,颈粗长有力,母鹅颈较细短,腹部轻微下垂。根据观察,皖西白鹅的类型有:有咽袋腹皱褶多的,有咽袋腹皱褶少的,无咽袋有腹皱褶的,无咽袋无腹皱褶的,等等。成年公鹅体重 5.5～5.6 kg,母鹅 5～6 kg,产肉性能:前期生长较快,在一般粗放饲养条件下,30 日龄仔鹅体重可达 1.5 kg 以上,60 日龄达 3～3.5 kg,90 日龄达 4.5 kg 左右。屠宰率:8 月龄放牧饲养和不催肥的鹅,其半净膛和全净膛屠宰率分别为 79.0% 和 72.8%。繁殖力:公鹅 4 月龄性成熟,但配种多在 8～10 月龄以后;母鹅 6 月龄也可开产,但当地习惯早春孵化;故人为地将开产期控制到 9～10 月龄。皖西白鹅产蛋多集中在 1 月份及 4 月份。据统计,1 月份开产第一期蛋的母鹅占 61%;4 月份开产第二期蛋的母鹅占 65%。因此,3 月份、5 月份分别为一二期鹅的出雏高峰,皖西白鹅繁殖季节性强,时间集中。公、母配比一般为 1:(4～5),组成一小的配种群,常年饲养在一起,任其自然交配。有些地区也有每户留养一只母鹅,十几户或一个小自然村合养一只公鹅,繁殖季节将母鹅送到公鹅处进行人工辅助交配。受精率:种蛋受精率平均达88.7%。孵化率:由于采用自然孵化,一般孵化率较高,据统计,受精蛋的孵化率达91.1%,健雏率97.0%。成活率:皖西白鹅活力和抗病力强,雏鹅育成率高,平均30日龄仔鹅成活率高达96.8%。就巢性:由于长期采用自然孵化的人工选择,母鹅的就巢性很强,一般年产两期蛋,每产一期,就巢一次,据统计,有就巢性的母鹅占98.9%,其中一年就巢两次的占92.1%。种鹅利用年限:公鹅3~4年或更长,母鹅4~5年,优良者可利用7~8年。一般采取逐年更新,也有采取一次更新的。

(2)雁鹅。外貌特征:雁鹅体型较大,体质结实,全身羽毛紧贴,头部圆形略方。大小适中,前上端有黑色瘤疱,质地柔软,呈桃形或半球形,向前上方突出。眼黑色,大而灵活,虹彩灰蓝色,喙扁阔、黑色,个别鹅颌下有小咽袋,颈细长,胸深广,背宽平,腹下有皱褶,两腿粗短有力,四趾粗壮,能走善泳。公鹅体型较母鹅高大粗壮,行走时昂首挺胸,叫声洪亮,头部瘤疱大而突出,体重一般为6~7 kg,优良个体可达8~10 kg;母鹅性情温顺,叫声较低而清亮,体重5~8 kg。成年鹅羽毛为灰褐色和棕褐色,颈的背侧有一条明显的灰棕色羽带,体躯的羽毛,从上往下由深渐浅,至腹部成为灰白色或白色。除腹部白色羽毛外。背、翼、肩及腿羽皆为镶边羽,即灰褶色羽镶白边,排列整齐。瘤疱的边缘和喙的基部大部分有半圈白羽。蹼为橘黄色或橘红色,个别蹼上有黑斑,爪黑色,皮肤灰白色。雏鹅全身羽绒为墨绿色或棕褐色,喙、胫、蹼均为灰黑色。产肉性能:雁鹅在放牧饲养的条件下,5~6月龄时体重可达5 kg以上,用配合饲料喂的,两个月可长到4 kg。一般初生重公鹅109.3 g,母鹅106.2 g,1月龄公鹅791.5 g,母鹅809.9 g,2月龄公鹅2 436.7 g,母鹅2 170 g,3月龄公鹅的3 946.7 g,母鹅

3 462 g。4 月龄公鹅 4 513.3 g,母鹅 3 955 g。5 月龄公鹅 5 340 g,母鹅 4 775 g,5 月龄以后生长渐缓。屠宰率:公鹅平均活重 6 349.5 g,屠体重 460 g。半净膛屠宰率 86.1%;全净膛屠宰率为 72.6%,母鹅平均活重 5 122 g,屠体重 3 309.1 g,半净膛屠宰率为 83.8%。全净膛屠宰率为 65.3%。性成熟期:在饲养管理较好时,母鹅 7 月龄开产,一般的需 8~9 月龄开产。公鹅 4~5 月龄有配种能力。公、母配比:一般按 1∶5 留种。受精率 85% 以上。种鹅使用年限:公鹅性成熟后 1~2 年性欲旺盛;母鹅开产后至 3 岁内的产蛋量逐年递增 10 枚左右,2 岁以上的母鹅蛋大、壳厚、蛋形好。就巢性:雁鹅就巢性较强,据统计,母鹅就巢率达 83%,一般年就巢 2~3 次。受精蛋孵化率 70%~80%。成活率:雏鹅 30 日龄成活率在 90%以上。

(3)溆浦鹅。溆浦鹅属中型鹅种,有白、灰两种羽色,产于湖南省沅水支流的溆水两岸,中心产区在溆浦县城附近的新坪、马田坪、水车等地,分布遍及溆浦全县及怀化地区各县(市)。溆浦鹅体型高大,体躯稍长,呈长圆柱形。公鹅头颈高昂,直立雄壮,叫声清脆洪亮,护群性强。母鹅体型稍小,性温驯,觅食力强,产蛋期间后躯丰满,呈蛋圆形。羽毛颜色主要有白、灰两种,以白鹅居多数。灰鹅背、尾、颈部灰褐色,腹部为白色。皮肤浅黄色,眼睛明亮有神,眼帘黄白,虹彩灰蓝色。胫、蹼都是橘红色,喙黑色。肉瘤突起,表面光滑,呈灰黑色。白鹅全身羽毛白色,喙、肉瘤、胫、蹼都呈橘黄色。皮肤浅黄色,眼帘黄色,虹彩灰蓝色。本品种母鹅后躯丰满,腹部下垂,有腹褶。还有 20%左右的个体,头上有顶心毛。产肉性能:溆浦鹅生长速度快,尤其是在 3 月龄以前。一般仔鹅饲养 3 个月左右即陆续上市。初生重 122 g,30 日龄重 1 539 g,60 日龄重3 152 g。90 日龄重 4 421 g,180 日龄重,公鹅 5 890 g,母鹅 5 330 g。屠宰率:经屠宰 6 月龄肉鹅,半净膛屠宰率:公鹅 88.6%,母鹅 87.3%;全净膛屠宰率公鹅 80.7%,母鹅 79.9%。性成熟期:母鹅 7 个多月开产,公鹅 6 月龄有配种能力。公、母配比 1∶(3～5)。利用年限:种公鹅利用 3～5 年,母鹅 5～7 年。受精率 97.4%。就巢性:溆浦鹅有较强的就巢性,一般每年发生 2～3 次,多的达 5 次,均发生在产蛋期末,如不让孵化,15 天左右就醒巢。孵化率:一窝可孵蛋 10～13 枚,受精蛋的孵化率为 93.5%。成活率:雏鹅 30 日龄成活率 85%。

(4)浙东白鹅。浙东白鹅是生长快、肉质好、体型较大的白色中型鹅种。主要产于浙江东部的象山、定海、奉化以及鄞县、绍兴、余姚、上虞、嵊县、新昌等县,故名。成年鹅中等体型,体躯长方形,全身羽毛洁白,有 15%左右的个体在头部和背侧夹杂少量斑点状灰褐色羽毛。额上方肉瘤高突,呈半球形,随年龄增长突起明显。无咽袋,颈细长。喙、胫、蹼幼年时橘黄色,成年后变橘红色,爪玉白色,肉瘤颜色较喙色略浅。眼帘金黄色,虹彩灰蓝色。成年公鹅体型高大雄伟,肉瘤高突,耸立头顶,昂首挺胸,鸣声洪亮,好斗逐人,成年母鹅肉瘤较低,性情温顺,鸣声低沉,腹部宽大下垂。产肉性能:在目前以放牧为主的条件下,初生重 105 g,30 日龄重 1 315 g,60 日龄重 3 509 g,75 日龄重 3 773 g。屠宰率:一般都在 70 日龄左右(体重 3.2～4.0 kg)上市。但此时主翼羽轴血浆未净,屠宰去毛时易脱皮,鹅肉也略带青草气,故加工成冻鹅外销,需用精料再经 10 多天育肥,以改善肉质,提高屠宰率。但市场上供应的内销鹅,一般随买随杀,不予育肥。屠宰率:半净膛率为 81.1%,全净膛为 72.0%。繁殖力:性成熟期母鹅一般在 150 日龄左右开产,公鹅 4 月龄开始性成熟,初配控制在 160 日龄以后。公、母配比一般是 1∶10。当母鹅生下蛋后,6 h 内放公鹅交配。有的地方公、母配比达 1∶15。公鹅可利用 3～5 年,以第二三年为最佳时期。受精率为 90%以上。孵化率:浙东白鹅一般都有就巢性,每年 3～4 次,通常在产完一期蛋后即开始就巢,产区群众历来用母鹅作天然孵化,每窝孵蛋 10～13 个,孵化率达 90%左右。

(5)酃县白鹅。中心产区位于湖南省酃县(今炎陵县)沔渡和十都两乡,以沔水和河漠水流域饲养较多。与酃县毗邻的资兴、桂东、茶陵和江西省的宁岗等地均有分布。莲花县的莲花白鹅与酃县白鹅系同种异名。外貌特征:酃县白鹅体型小而紧凑,体躯近似短圆柱体。头中等大小,有较小的肉瘤,母鹅的肉瘤扁平,不显著。颈长中等,体躯宽深,母鹅后躯较发达,全身羽毛白色,喙、肉瘤和胫、蹼橘红色,皮肤黄色,虹彩蓝灰色,公、母鹅均无咽袋。产蛋性能:母鹅多在10月份至翌年4月份产蛋,分3~5个产蛋期,每期产8~12枚于一个窝内,之后开始抱孵。全繁殖季节平均产蛋46枚,第1年产蛋平均重116.6 g,第2年为146.6 g。蛋壳白色,蛋壳厚度0.59 mm,蛋形指数1.49。生长速度与产肉性能:成年公鹅体重4 000~5 300 g;母鹅3 800~5 000 g。在放牧条件下,60日龄体重2 200~3 300 g,90日龄3 200~4 100 g。如饲料充足,加喂精饲料,60日龄可达3 000~3 700 g。对未经肥育的6月龄鹅进行屠宰测定,半净膛与全净膛的屠宰率:公鹅分别为82.00%和76.35%,母鹅分别为83.98%和75.69%。放牧加补喂精料饲养的肉鹅,从初生到屠宰生长期共105天,平均体重为3 750 g,每只耗精料3.28 kg,平均每千克增重耗精料为0.88 kg。繁殖性能:母鹅开产日龄120~210天。公、母鹅配种比例1:(3~4),种蛋受精率平均高达98%,受精蛋的孵化率达97%~98%。种鹅利用2~6年,雏鹅成活率96%。

(6)长乐鹅。中心产区位于福建省长乐市,分布于邻近的闽侯、福州、福清、连江、闽清等地。外貌特征:成年鹅昂首曲颈,胸宽而挺。公鹅肉瘤高大,稍带棱脊形;母鹅肉瘤较小,且扁平,颈长呈弓形,蛋圆形体躯和高抬而丰满的前躯,无咽袋,少腹褶。绝大多数个体羽毛灰褐色,纯白色仅占5%左右。灰褐色的成年鹅,从头部至颈部的背面,有一条深褐色的羽带,与背、尾部的褐色羽区相连接;颈部腹侧至胸、腹部呈灰白色或白色,颈部的背侧与腹侧羽毛界限明显。有的在颈、胸、肩交界处有白色环状羽带。喙黑色或黄色,肉瘤黑色、黄色或黄色带黑斑,皮肤黄色或白色,胫、蹼橘黄色,虹彩褐色或蓝灰色。纯白羽的个体,喙、肉瘤、蹼橘黄或橘红色。虹彩蓝灰色。长乐鹅群中常见灰白花或褐白花个体,这类杂羽鹅的喙、肉瘤、胫、蹼常见橘红带黑斑,虹彩褐色或蓝灰色。产蛋性能:一般年产蛋2~4窝,平均年产蛋量为30~40枚。平均蛋重为153 g,蛋壳白色,蛋形指数为1.39。生长速度和产肉性能:成年公鹅体重3 300~5 500 g,母鹅3 000~5 000 g。60日龄仔鹅体重2 700~3 500 g,70日龄3 100~3 600 g。70~90日龄肉鹅半净膛率81.78%,全净膛率68.67%,长乐鹅经填肥23天后,肥肝平均重为220 g,最大肥肝503 g。繁殖性能:性成熟7月龄。公、母鹅配种比例1:6。种蛋受精率80%以上,就巢性较强。母鹅利用年限一般为5~6年,个别的可长达8~10年。

(7)阳江鹅。中心产区位于广东省湛江地区阳江市。分布于邻近的阳春、电白、恩平、台山等地,在江门、韶关、海南、湛江等市及至广西也有分布。外貌特征:体型中等、行动敏捷。母鹅头细颈长,躯干略似瓦筒形,性情温顺;公鹅头大颈粗,躯干略呈船底形,雄性明显。从头部经颈向后延伸至背部,有一条宽1.5~2 cm的深色毛带,故又叫黄鬃鹅。在胸部、背部、翼尾和两小腿外侧为灰色毛,毛边缘都有宽0.1 cm的白色银边羽。从胸两侧到尾椎,有一条像葫芦形的灰色毛带。除上述部位外,均为白色羽毛。在鹅群中,灰色羽毛又分黑灰、黄灰、白灰等几种。喙、肉瘤黑色,胫、蹼为黄色、黄褐色或黑灰色。产蛋性能:产蛋季节在每年7月份到次年3月份。一年产蛋4期,平均每年产蛋量26~30枚。采用人工孵化后,年产蛋量可达45枚,平均蛋重145 g。蛋壳白色,少数为浅绿色。生长速度与产肉性能:成年公鹅体重4 200~4 500 g,母鹅3 600~3 900 g,70~80日龄仔鹅体重3 000~3 500 g。饲养条件好,70~80日龄体重可达5 000 g。70日龄肉仔鹅公、母半净膛率分别为83.4%和83.8%。繁殖性能:性早熟,公鹅70~80日龄就会爬跨,配种适龄为160~180天。母鹅开产日龄为150~160天。公、母鹅配种比例1:(5~6),种蛋受精率达84%,受精蛋孵化率为91%。成活率90%以上。公、母鹅均可利用5~6年。该鹅品种就巢性强,1年平均就巢4次。

(8)闽北白鹅。中心产区位于福建省北部的松溪、政和、浦城、崇安、建阳、建瓯等地,分布于邵武、福安、周宁、古田、屏南等地。外貌特征:全身羽毛洁白,喙、胫、蹼均为橘黄色,皮肤为肉色,虹彩灰蓝色。公鹅头顶有明显突起的冠状皮瘤,颈长胸宽,鸣声洪亮。母鹅臀部宽大丰满,性情温驯。雏鹅绒毛为黄色或黄中透绿。产蛋性能:1年产蛋3~4窝,每窝产蛋平均8~12枚,年平均产蛋30~40枚。平均蛋重150 g以上,蛋壳白色,蛋形指数1.41。生长速度与产肉性能:成年公鹅体重4 000 g以上,母鹅3 000~4 000 g。在较好的饲养条件下,100日龄仔鹅体重可达4 000 g左右,肉质好。公鹅全净膛率80%,胸、腿肌占全净膛重分别为6.7%和18.3%;母鹅全净膛率77.5%,胸、腿肌占全净膛重分别为14.5%和16.4%。繁殖性能:母鹅开产日龄150天左右。公鹅7~8月龄性成熟,开始配种。公、母鹅配种比1:5,种蛋受精率85%以上。受精蛋孵化率为80%。

(9)永康灰鹅。产于浙江省永康、武义等地,毗邻的各县市也有分布,是我国灰色羽鹅中的一种小型品种。外貌特征:该鹅体躯呈长方形,其前脑突出而向上抬起,后躯较大,腹部略下垂,颈细长,肉瘤突起。羽毛背面呈深灰色,自头部至颈部上侧直至背部的羽毛颜色较深,主翼羽深灰色。颈部两侧及下侧直至胸部均为灰白色,腹部白色。喙和肉瘤黑色,跖、蹼橘红色,虹彩褐色,皮肤淡黄色。产蛋性能:年产蛋量40~50枚,平均蛋重140 g,蛋壳白色。生长速度:成年公鹅3 800~4 200 g,成年母鹅3 500~4 200 g,2月龄重2 500 g左右。全净膛率62%左右,半净膛率82%。繁殖性能:母鹅开产期5月龄左右。就巢性较强,每年3或4次。

(10)钢鹅。钢鹅产于四川西南部凉山彝族自治州安宁河流域的河谷区,分布于该州的西昌、德昌、冕宁、米易和会理等地市。该鹅是我国灰鹅中的中型品种,当地群众有填鹅取肝的习惯,肥肝性能良好。外貌特征:体型较大,头呈长方形,喙宽平、灰黑色,公鹅肉瘤突出,黑色;前胸开阔,体躯向前抬起,体态高昂。鹅的头顶部沿颈的背面直到颈下部有一条由大逐渐变小的灰褐色的鬃状羽带,腹面的羽毛灰白色,褐色羽毛的边缘有银白色的镶边。胫粗,蹼宽,呈橘黄色。产蛋性能:年产蛋量34~45枚,平均蛋重173 g,蛋壳白色。生长速度与产肉性能:成年公鹅5 100 g,成年母鹅4 500 g,70日龄体重可达3 000 g以上。全净膛率76.75%,半净膛率88.4%。繁殖性能:母鹅开产期6~7月龄。

(11)马岗鹅。产于广东省开平市。分布于佛山、肇庆地区各县市,属中型鹅。该鹅是1925年自外地引入公鹅与阳江母鹅杂交,经在当地长期选育形成的品种,具有早熟易肥的特点。外貌特征具有乌头、乌颈、乌背、乌脚等特征。公鹅体型较大,头大、颈粗、胸宽、背阔;母鹅体躯如瓦筒形,羽毛紧贴,背、翼、基羽均为黑色,胸、腹羽淡白。初生雏鹅绒羽呈墨绿色,腹部为黄白色;胫、喙呈黑色。产蛋性能:年产蛋35枚,平均蛋重160 g,蛋壳白色。生长速度与产肉性能:成年公鹅5 000~5 500 g,成年母鹅4 500~5 000 g;60日龄仔鹅重3 000 g。全净膛率73%~76%,半净膛率85%~88%。繁殖性能:母鹅开产期5月龄左右。公、母配比1:(5~6)。利用年限5~6年。就巢性较强,每年3或4次。

(12)狮头鹅。狮头鹅是我国最大型的鹅种。因成年鹅头形如狮头,故名。本品种原产于广东省饶平县溪楼村,主要产区在澄海县和汕头市郊。外貌特征:狮头鹅的头部前额肉瘤发达,向前突出,覆盖于喙上,两颊有左右对称的肉瘤1~2对,肉瘤黑色。喙短,质坚实,黑色,与口腔交接处有角质锯齿。脸部皮肤松软,眼皮凸出,多呈黄色外观,眼球似下陷,虹彩棕色,颌下咽袋发达,一直延伸至颈部。公鹅及2岁以上母鹅头部特征更为显著。狮头鹅的全身背面羽毛、前胸羽毛及翼羽均为棕褐色,由头顶至颈部的背面形成如鬃状的深褐色的羽毛带。全身腹面的羽毛呈白色或灰白色。褐色羽毛的边缘色较浅,呈镶边羽。胫粗蹼宽,橙红色,有黑斑,皮肤米黄色或乳白色。体内侧有似袋形的皮肤皱褶。体躯呈方形,头大颈粗,前躯略高。公鹅昂首健步,姿态雄伟。产肉性能与生长速度:因生产季节不同而有差异,每年以9~11月份出壳的雏鹅生长最快,饲料报酬也高,随着季节的变化而有不同。一般的标准是:初生重公鹅134 g,母鹅133 g;30日龄重公鹅1 703 g,母鹅1 605 g;60日龄重公鹅4 615 g,母鹅4 209 g。在较好的饲养条件下,30日龄平均体重公鹅2 249 g,母鹅2 063 g;60日龄平均体重公鹅5 550 g,母鹅5 115 g;70日龄平均体重公鹅6 415 g,母鹅5 815 g。日增重96 g。屠宰率:70~90日龄上市的未经育肥的肉鹅,平均体重为5.843 kg(公鹅6.181 kg,母鹅5.506 kg),半净膛屠宰率为72.15%(公鹅为71.9%,母鹅为72.4%)。繁殖力与性成熟期:在不控制的情况下,母鹅开产日龄为150~180天,但产区群众习惯在130日龄以后,用粗饲的方法,把开产期延至200日龄以上,一般控制在220~250日龄。种公鹅配种都在200日龄以上。公、母配比为1:(5~6),放牧鹅群利用水中自然交配。1岁母鹅生的蛋,受精率为69%,孵化率为87%;2岁母鹅生的蛋,受精率为79.2%,孵化率为90%。就巢性:母鹅就巢性强,每产完一期蛋后,就巢一次,个别母鹅无就巢性,或就巢性很弱,此种鹅只占总数5%左右。成活率:在正常的饲养和防疫条件下,雏鹅30日龄成活率均在95%以上。

(13)伊犁鹅。伊犁鹅主要产于新疆伊犁自治州各直属县市,分布于新疆伊犁自治州及博尔塔拉蒙古族自治州一带,年饲养量6万~8万只。相貌特征:中等体形,中等平顶,无肉瘤突起,颌下无咽袋，颈较短，胸宽广而突出，体躯呈扁平椭圆形，腿粗短，颈尾较长，体形与灰雁非常相似。雏鹅：上体黄褐色，两侧黄色，腹下淡黄色，眼灰黑色，喙黄褐色，胫、趾、蹼橘红色，喙豆乳白色。成年鹅：喙象牙色，胫、趾、蹼肉红色，虹彩蓝灰色。羽毛可分为灰、花、白3种颜色。灰鹅头、颈、背、腰等部灰褐色，胸、腹、尾下灰白色，并发以深褐色小斑，喙基周围有一条狭窄的白色羽环。在体躯两侧及背部，深浅褐色相衔，形成状似复瓦的波状横带。尾羽褐色，羽端白色，最外侧两对尾羽白色。花鹅灰白相间，头、背、翼等部灰褐色，其他部位白色，常见在颈肩部出现白色羽环。白鹅全身羽毛白色。生长速度：伊犁鹅在春、夏、秋3季都是放牧。雏鹅出壳后，一般不补喂精料，第2天即可跟随母鹅外出活动，采食牧草。在雏鹅7日龄内，可用蛋黄、碎玉米、麦皮与切碎的青草拌匀后，让其自由采食。在天然草场上放牧，各阶段体重如下：30日龄，公鹅重1 375 g，母鹅重1 231 g；60日龄公鹅重3 034 g，母鹅重2 767 g；90日龄公鹅重3 412 g，母鹅重2 767 g；120日龄，公鹅重3 687 g，母鹅重3 444 g；4月龄时，已接近成年体重，此后伴随饲养条件的好坏，而略有升降。屠宰率：伊犁鹅一般不进行育肥，利用夏季牧草充分放牧，到10～11月份，已膘肥体壮。有的养鹅户要进行15天左右的短期育肥，体重可增加0.5 kg左右。经测定屯肥15天后的8月龄肉鹅，平均活重3.81 kg。公、母鹅的平均屠宰率如下：半净膛屠宰率：83.6%，全净膛屠宰率75.5%。繁殖力：成熟期受气候、季节的影响很大，一般当年孵化的鹅，到翌年春季母鹅开始产蛋，公鹅有交尾行为，需10个月左右。公、母配比1∶(2～4)，平均受精率83.1%。受精蛋孵化率为81.9%，30日龄成活率84.7%。该鹅有就巢性，一般一年一次，发生在春季产蛋以后。

(14)太湖鹅。太湖鹅是我国鹅种中的一个小型高产白鹅品种，具有仔鹅肉质细致的特点。原产长江三角洲的太湖地区，遍布浙江省杭嘉地区、上海市郊县以及江苏省大部。太湖鹅全身羽毛洁白,偶在眼梢、头顶、腰背部出现少量灰褐色斑点。喙、胫、蹼均为橘红色。喙端色较淡,爪白色,肉瘤淡姜黄色,眼睑淡黄,虹彩灰蓝色。体态高昂,体质细致紧凑,全身羽毛紧贴,肉瘤圆而光滑,无皱褶,颈细长呈弓形,无咽袋。从外表观察,公、母鹅差异不大,公鹅体形较高大雄伟,常昂首挺胸展翅行走,叫声洪亮,喜追逐啄人;母鹅性情温和,叫声较低,肉瘤较公鹅为小,喙亦较短,约 6.5 cm,公鹅为 7.5 cm 左右。雏鹅全身乳黄色,喙、胫、蹼橘黄色。成年鹅平均体重:公鹅 4.5 kg 左右,母鹅约 3.5 kg。产蛋性能:产量 80~90 枚,高产个体达 123 枚,蛋重平均 135 g,壳白色,蛋形指数为 1.44。产肉性能:太湖鹅主要用于生产肉仔鹅。雏鹅初生体重平均为 91.2 g。产区群众结合农时季节,充分利用春季草地、草滩、绿肥田、麦茬田大群放牧。每只鹅只需补饲碎米、瘪稻谷各 0.5 kg,70 日龄左右即可上市,平均体重可达 2.25~2.5 kg。屠宰率:鹅半净膛为 78.6%;成年母鹅半净膛 79.2%,全净膛 68.8%。

性成熟:太湖鹅性成熟较早,一般 3 月上、中旬孵出的母鹅,8 月中下旬即 160 日龄左右,即可开始产蛋。公、母配比:一般在 1 000 个母鹅群中放入 150 只公鹅,其配比为 1:(6~7)。受精率可达 90%以上。据苏州市家禽孵化繁殖场统计,168 万只种蛋的受精率为 92.6%。孵化率:受精蛋孵化率可达 85%以上。无锡家禽繁殖场 1972 年孵化鹅蛋 696 554 枚,受精蛋孵化率为 6.95%。成活率:太湖鹅生活力强,在大群放牧饲养下,70 日龄肉仔鹅平均成活率在 92%以上。

(15)四川白鹅。四川白鹅是广泛分布于四川温江、乐山、宜永川和达县等地区平坝和丘陵水稻产区的中型鹅种,仅据宜宾地区 1979 年统计,约有白鹅 60 万只。产区的海拔在 300~800 m。境内有岷江、沱江和嘉陵江等水系,水库塘堰多,水域广阔。加以产地气候温和,雨量充沛,饲草常年繁茂,为养鹅业的发展提供了良好的天然牧地。四川省养鹅历史悠久,产区人民历来把养鹅作为一项重要的家庭副业，鹅饲养普遍，每年城镇销售仔鹅量最大，因而促进了四川白鹅向早期生长快、体型较大的方向发展。同时，产区素有以母鸡或人工孵化鹅蛋的习惯，长期以来形成了四川白鹅基本无就巢性，产蛋量较高的特点。外貌特征为全身羽毛洁白、紧密；喙、胫、蹼橘红色，虹彩灰蓝色。公鹅体型稍大，头颈较粗，体躯稍长。额部有一呈半圆形的肉瘤，母鹅头清秀，颈细长，肉瘤不明显。产蛋性能：每羽年产蛋量60~80枚，平均蛋重146 g，壳白色。生长速度：四川白鹅的出壳体重为71.10 g；60日龄体重为2 476.5 g，日平均增重40.09 g；90日龄体重为3 518.89 g，日平均增重34.75 g。肥嫩的烫皮仔鹅是产地场销禽肉食品之一。因此，90日龄左右的仔鹅即大批上市。屠宰率：6月龄半净膛屠宰率公鹅86.28%，母鹅80.69%；6月龄全净膛屠宰率公鹅79.27%，母鹅73.10%。6月龄三肌(胸肌、大、小腿肌)重，公鹅829.5 g，占胴体重的29.71%，母鹅644.6 g，占胴体重的20.40%。繁殖力：公鹅性成熟期为180日龄左右，母鹅200~240日龄开产；每年1~6月份为孵化季节，公、母配种比例为1:(3~4)，受精率85%以上，受精蛋孵化率为84.0%左右。

(16)固始白鹅。产于河南省固始县境内，与之毗邻的潢川、商城、光山、淮滨以及新县、息县、罗山、信阳等地也都有相当数量的分布。外貌特征为外观体色雪白，但少数鹅的副翼羽有几根灰羽，多数鹅为纯白色，全身羽毛紧贴，体质结实而紧凑，头近方圆形，大小适中而高昂，前端有圆而光滑的肉瘤。全身各部分比例匀称，步态稳健，体姿雄伟，眼大有神，眼睑淡黄色，虹彩为灰色。喙扁阔，颈细长向前似弓形，胸深广而突出，背宽而较平。体躯呈长方形，腿短粗强壮有力。喙、肉瘤、跖、蹼均为橘黄色，喙端颜色较淡，爪呈白色。少数鹅的头颈交界处有一撮突出的绒球状颈毛，俗称"凤头鹅"。还有少数额下有一带状肉垂，俗称"牛鹅"。公鹅体型较母鹅高大雄壮，行走时昂首挺胸，步态稳健，叫声洪亮，头部肉瘤比母鹅大而突出,喙较宽而长。母鹅性情温顺,叫声低而粗。在产蛋期间腹部有一条明显的皱褶,高产鹅的皱褶大而接近地面。产蛋性能:在一般粗放饲养管理条件下,年产蛋24~26枚,个别高产鹅可达70枚。1年产2窝蛋,头窝在2~3月份,产14~16枚,第二窝在5~6月份,产8~10枚。平均蛋重145.4 g,蛋形指数1:1.5。生长速度很快,初生雏鹅180 g,在粗放饲养的条件下,30日龄体重可达1 200~1 600 g,50日龄可达3 000~3 500 g,90日龄可达4 500 g,120天即可达成年体重。185日龄半净膛率79.51%,全净膛率68.55%。固始白鹅毛片大,毛绒丰厚,含绒率高达20%~25%。繁殖力:母鹅160~170日龄开产,公鹅150日龄性成熟。公、母配种比例为1:3。种公鹅利用2~3年,母鹅利用3~5年。种蛋受精率90%,受精蛋孵化率为80%。固始白鹅的就巢性较强,几乎达100%。

☞ 16. 适合于仔鹅生产的国外肉鹅品种有哪些?

(1)美洲鹅种。爱姆登鹅(Emdben)体型大,生长快,颈垂重,头大呈椭圆形,颈长略呈弓形,背宽阔而体长,胸部光滑看不到龙骨突出,腹部有一双袂叶垂下,尾部较背线稍高,站立时身体姿势与地面呈30°~40°。屠体清洁,凡是头小、颈下有垂褶、颈短、落翅、步代沉重、龙骨显露者为不合格。体格虽大,但是习性好动。雏鹅全身绒毛为黄色,但在背部及头部带有不等量的灰色绒毛。在换生成白羽前,一般可根据绒羽的颜色来鉴别公、母。公雏鹅绒毛上的灰色部分,可以肉眼辨出,要比母雏鹅的灰色浅些,而母雏鹅灰色较深。年青的爱姆登鹅,像大部分欧洲白色鹅一样,在青年鹅羽毛里常会出现有色羽,但到成年时自会替换成白色羽毛,而且紧贴体表,喙、脚、蹼呈橘红色,眼睛为蓝色。

浅黄鹅(AmericanBuff):美洲浅黄鹅是以其独特的色彩跻身于羽毛最华丽的鹅种之一。在阳光普照的日子里,配以一群正在吃草的浅黄鹅实在是一幅赏心悦目的景象。颈部长度适中,身体矮胖,腹部有2个垂叶,尾端与背线齐平或略高于背线,羽毛颜色除了腹部几乎为白色外,全身的浅黄羽亦有深浅程度不同,在背部及身体两侧边的羽毛,边缘均呈乳白色。喙及脚蹼为橘红色,双眼为棕色。选种时以中等程度的浅黄而无灰色者较受欢迎,背部毛色均一、不掺杂为理想,但是这样的个体较少,大多数个体背部多少有点色存在。身体窄小较瘦弱,龙骨突出,有灰色羽毛或深暗者为不合格。很适合农家饲养,长于育雏,屠体大小适中,屠体清洁如白羽鹅,肉质细嫩适于红烧和烧烤用。

巴默鹅(Pomeranians):它的羽毛色彩华丽,体躯强壮,是一种引人注目而且实用的鹅品种。由于体躯肥胖,故呈现出背宽胸深,腹部中央悬垂一个褶叶,常用的巴默鹅血统的母鹅,往往有2个腹垂褶叶。巴默鹅在德国有白色、灰色及鞍背型等,而在北美鞍背型巴默鹅是惟一经常被饲养的品种,所谓鞍背型巴默鹅是指身上以白羽为主,而头、颈上部、肩部、背部及腹侧的羽毛为灰褐色。背部和腹侧的每一支有色羽毛几乎都有白色的镶边。还有另一种浅黄色鞍背巴默鹅,亦有人饲养并常作广告宣传。所有巴默鹅的喙为粉红色,脚为橘红色,眼睛为蓝色。标准种鹅体格矮胖,羽毛上斑纹非常明显,从身体后上方看,它背部及肩部的有色羽毛部位应该呈现标准的心形。头部羽毛颜色一致,但大多数个体在喙基周围均有白色羽毛。凡是喙基部有头瘤迹象的个体属于杂种。

(2)欧洲肉鹅。罗曼鹅是欧洲古老的品种之一,它生长快,肉质细嫩,根据羽毛的颜色分为3个品种:灰鹅、白鹅和杂色鹅。多数鹅背和颈呈黑灰色,胸部灰蓝色,腹部白色。头中等大,嘴端带黑褐色,成年鹅的腹部有1~2个皱褶;脚短而结实,呈橘黄色,有时为红色。成年公鹅体重6~7 kg,母鹅4.5~5.5 kg。

朗德鹅(Landaise)体型比土鲁斯鹅小,成年公鹅活重7~8 kg,母鹅6~7 kg,它是目前法国正在逐渐用以取代土鲁斯鹅作为生产肥肝用的优良鹅种。它的仔鹅生长迅速,8 周龄活重可达 4.5 kg 左右,不少国家都从法国引进朗德鹅,除直接用做肥肝外,主要目的是利用它和当地鹅种杂交,以提高其后代的肥肝性能。

匈牙利鹅亦称玛加尔鹅,它主要是由爱姆登鹅与巴默鹅(Pomeranial)和意大利的奥拉斯鹅(Olasz)杂交后育成的,生活力很强,为了提高个体的产蛋量,近几年又引入了莱茵鹅(Erhin)的血统。由于玛加尔鹅的饲养条件和所处环境不同,它们的体型、毛色、生产性能等也出现了分化现象,平原地区的玛加尔鹅体型较大,成年公鹅体重达 7 kg,母鹅 5 kg;而多瑙河流域的玛加尔鹅体型较小,成年公鹅体重 6 kg,母鹅 5 kg。

意大利鹅又称奥拉斯鹅,原产于意大利北部地区,是由帕拉奇鹅(Parlagi)改良而成的,在育成过程中还掺有中国鹅的血统。目前在欧洲分布甚广,但在原产地反而找不到了,成年鹅体重 6~7 kg,母鹅 5~6 kg。其特点是生长迅速,8 周龄仔鹅活重 4.5~5.0 kg,肉料比为 1:(2.8~3.0)。体型呈椭圆形,年产蛋量 55~60 枚,受精率 85%左右,出雏率 60%~65%。由于繁殖率高,肌肉发达,生长迅速,加上羽毛白色,十分适于仔鹅生产。匈牙利在 1967 年引进本种后,至今已分布很广泛,还被经常用作母本与朗德鹅、玛加尔鹅杂交,利用它们的杂种优势生产肥肝。

莱茵鹅(Erhin)原产于法国莱茵州,是一个地方鹅品种,在 20 世纪 40 年代即以产蛋量高、繁殖力好而著称,培育过程中曾引入过爱姆登鹅的血统,旨在改进其产肉性能。匈牙利在 1961 年引进后,由于其繁殖率高,使匈牙利在短期内建立的大型鹅场获得了成功,并使肉仔鹅的价格很快降了下来,因此在匈牙利发展极快,在 20 世纪 70 年代曾占 70%左右。由于近年来奥拉斯鹅的大量推广,才使它的数量比重有所下降。莱茵鹅体型中等偏小,成年公鹅体重 5~6 kg,母鹅 4.5~5.0 kg。全身羽毛洁白,喙、脚及蹼呈橘黄色。仔鹅 8 周龄时体重达 4.2~4.3 kg,肉料比为 1:(2.5~

3.0),很适宜于大规模生产仔鹅用。与奥拉斯鹅杂交,用以生产肉仔鹅,均获得了较大的成功。

图卢兹鹅又称苗蒙鹅,是世界上体型最大的鹅种,19 世纪初由灰雁驯化选育而成。原产于法国南部的图卢兹市郊区,主要分布于法国西南部。后传入英国、美国等欧美国家。外貌特征:体型大,羽毛丰满,具有重型鹅的特征。头大、喙尖、颈粗,中等长度,体躯呈水平状态,胸部宽深,腿短而粗。颌下有皮肤下垂形成的咽袋,腹下有腹皱,咽袋与腹皱均发达。羽毛灰色,着生蓬松,头部灰色,颈背深灰,胸部浅灰,腹部白色。翼部羽深灰色带浅色镶边,尾羽灰白色。喙橘黄色,腿橘红色,眼深褐色或红褐色。产蛋性能:年产蛋量 30~40 枚,平均蛋重 170~200 g,蛋壳呈乳白色。生长速度与产肉性能:成年公鹅体重 12 000~14 000 g,母鹅 9 000~10 000 g,60 日龄仔鹅平均体重为 3 900 g。产肉多,但肌肉纤维较粗,肉质欠佳。易沉积脂肪,用于生产肥肝和鹅油,强制填肥每只鹅平均肥肝重可达 1 000 g 以上,最大肥肝重达 1 800 g。繁殖性能:母鹅开产日龄为 305 天。公鹅性欲较强,有 22% 的公鹅和 40% 的母鹅是单配偶,受精率低,仅 65%~75%,公、母鹅配种比例 1:(1~2),1 只母鹅 1 年只能繁殖 10 多只雏鹅。就巢性不强,平均就巢数量约占全群的 20%。

(3)非洲鹅(African)。非洲鹅体型粗壮,体躯长、深而宽。站立时身体姿势与地面呈 30°~40°者为优秀。颈部厚壮,喙坚硬,成年个体前额有一向前突出的头瘤,下颚及颈上部有一光滑呈新月形的颈垂悬挂着,随着年龄增加,颈垂逐渐伸长。双眼大而深陷,理想的体型为:体躯底线平,龙骨不外凸,肚腹部丰满而不过分松垂。尾上翘且包褶紧凑。体型虽大但体脂肪是重型鹅中最少的。繁殖年限长,亦称非洲鹅,但却很能耐寒。北美地区有两种非洲鹅:一种为灰羽,较普遍;另一种为白羽,数量较少。灰色非洲鹅:头浅褐色,头瘤及喙为黑色,眼睛呈深褐色,身体背部、翅膀为灰褐色，颈、胸和体下部为浅灰褐色，最显著的是从头冠直至颈背的一条深褐色纹彩线条，成年鹅的褐色头冠与黑亮的喙及头瘤之间有一道窄的白色羽带将其分隔开，双腿与蹼的颜色呈深橘红色到浅橘红色。白色非洲鹅：全身披白羽，喙、头瘤呈橘红色，脚胫及蹼则为浅橘红色，目前正进行改良研究工作，但因群体小，表形尚未达到完全一致，而且体形比灰色非洲鹅略小。

(4)俄罗斯鹅。阿尔查马斯鹅为肉仔型品种，1950 年在高尔科夫省集体农庄养鹅的基础上，以阿尔查马斯城为中心，建立了阿尔查马斯国营的鹅育种场，这种鹅分布于高尔科夫省奥卡河的沿岸。阿尔查马斯鹅具有长、宽紧凑而结实的身躯，背宽平，胸发达，发育良好，羽白色。平均成年体重公鹅为 5.8 kg，母鹅为 4.7 kg。年产蛋量 10～20 枚，最多 28 枚，受精率高达 90%，平均蛋重为 176 g。

乌拉尔鹅分布于南乌拉尔地区，于 1950 年在库尔干省，以沙得林斯克为中心，建立了沙得林斯克鹅国家育种场，故又名沙得林斯克鹅。该品种早在 18 世纪中叶就已著名，它具有良好的肉质。乌拉尔鹅躯体长，头较小，嘴直，颈短，胸深，腿短。羽毛有白色、灰色和斑纹 3 种，喙和腿呈橘红色。成年体重公鹅约 5.6 kg(4.5～6.7 kg)，母鹅约 4.6 kg(3.6～5.9 kg)。

高尔基鹅系斗鹅品种，原产于高尔基省，1949 年在高尔基省的科泽尔区成立了国营的鹅育种场。高尔基鹅身体紧凑，有发育良好的肌肉，强壮的体质。羽毛主要为灰色，在胸部、腹部及翼端呈白色，喙及脚橘黄色。平均成年公鹅体重 7～7.5 kg，母鹅 5.8～6 kg。

普斯可夫秃头鹅主要分布在列宁格勒、普斯可夫及诺夫哥罗得省。肥育性能好，肉质优良。普斯可夫秃头鹅羽毛为灰蓝色或青蓝色，前额有白斑，喙和脚为橘黄色。平均体重为 6.0 kg，最大 8 kg，适应能力强。

☞ 17. 肉鹅的生理特点有哪些?

(1)骨骼的特点。骨骼是身体的坚硬支架,在很大程度上反映身体的外形。肉鹅的骨骼与其他禽类一样,骨髓因气囊侵入骨髓腔而被气体代替,形成含气骨,其特征是轻而坚固,功能是形成运动的杠杆,保护脑和脊髓、心、肺等重要内脏,还是钙、磷的贮存库,从而参与矿物质的代谢。

(2)肌肉的主要特点。胸肌和腿肌特别发达,全身肌肉重量的大部分由肌肉组织构成。其肌肉组织为长形的肌纤维,根据构造和收缩特性可分为3种:平滑肌,主要参与形成内脏器官以及血管的管壁;心肌,构成心脏;横纹肌,是肌肉的主要成分。在神经系统的控制下,肌肉组织能进行收缩活动,对运动起着主要和积极的作用,其中横纹肌组织能随意地收缩,为随意肌,其他两种为不随意肌。颈部肌肉分化也较复杂,使头颈能作灵活而有力的活动,如采食青草时的运动。

(3)消化器官。喙长而扁,末端圆形,被覆有角质板,其余大部分则被覆较厚而柔软的皮肤,称为蜡膜。上、下喙的边缘形成锯齿状许多横褶,肉鹅在水中采食时可以很快通过横褶将水滤出而将食物阻留于口腔中。在横褶的蜡膜以及舌的边缘上,分布有丰富的触觉感受器,对采食起重要作用。食管不形成嗉囊,当贮存食物时,颈部食管呈纺锤形膨大,常称假嗉囊。胃分两部分:腺胃和肌胃。肠与肌胃相连接,总长250~365 cm,约为躯干长的10倍,肝脏是体内最大、作用最复杂的腺体,呈黄褐色至暗褐色,重85~171 g,达体重的1.5%~3.6%。

(4)呼吸系统。主要包括呼吸道、肺和气囊,呼吸道又分为鼻腔、喉、气管、鸣管和支气管。气管与支气管分叉处形成所谓鸣管,在这里有两对薄膜状的鸣膜,当呼气时鸣膜受振动而发声。初级支气管和少数次级支气管延伸出肺外,形成禽类特有的构造气囊。

(5)血液循环及神经系统。血液总量占禽体重的 8%～9%，但屠宰时只能放出约 4%。心搏频率较高，成年肉鹅平均每分钟约 200 次。神经系统活动的基本方式是反射。大脑皮层虽然薄、不发达，但也能建立起条件反射，可利用这个特点来养成对饲喂管理的习惯。眼球很大，视野较宽阔，视觉敏锐。多数肉鹅的嗅觉和味觉一般不发达，但也能区别咸、酸、苦、甜等味道。

(6)排泄系统。鹅的尿与哺乳动物不同，一般呈白色，较浓稠，所含主要成分是尿酸，而哺乳动物则是尿素。肉鹅的头部还有特殊的鼻腺，开口于鼻腔，能分泌氯化钠，因此又叫盐腺，有补充肾脏维持体内盐分和渗透压平衡的辅助作用，在肉鹅，每克鼻腺每分钟的分泌率为 0.07～1.33 mL。

(7)体温调节。皮肤被覆盖于整个体表，其衍生物形成羽毛及喙和爪的角质。正常体温为 40～41.3℃。与其他禽类一样没有汗腺，主要通过张口呼吸来增加肺和气囊的蒸发作用，散热效率很高，外界温度对肉鹅的代谢作用是有影响的，当温度高于 17℃时，氧的消耗减少，低于 17℃时，则氧的消耗增加。体温调节主要是受中枢神经系统控制的，雏鹅的体温调节能力较差，在刚孵出几天内体温也较低。

☞ 18. 肉鹅的饲养管理分为哪几个阶段？

鹅的生长发育一般分为以下几个阶段：雏鹅、仔鹅(生长鹅、青年鹅、育成鹅)、肥育仔鹅或后备种鹅、种鹅。对于肉用仔鹅来说，仅有雏鹅、仔鹅、肥育仔鹅 3 个阶段。所以，在饲养管理上可以根据其生长生理特点分阶段进行。

☞ 19. 雏鹅的生理特点有哪些？

雏鹅是指孵化出壳后到 4 周龄或 1 月龄内的鹅，又叫小鹅。其生理特点有：

(1)生长发育极快。一般中、小型鹅种出壳重 100 g 左右，大型鹅种 130 g 左右。长到 20 日龄时，小型鹅种的体重比出壳时增长 6～7 倍，中型鹅种增长 9～10 倍，大型鹅种可增长 11～12 倍。为保证雏鹅快速生长发育的营养需要，在培育中要及时保证饮水、喂食和喂青，饲喂含有较高营养水平的日粮。

(2)体温调节能力差。雏鹅出壳后，全身仅被覆稀薄的绒毛，保温性能差，消化吸收能力又弱，因此对外界温度的变化缺乏自我调节能力，特别是对冷的适应性较差。随着日龄的增加，这种自我调节能力虽有所提高，但仍较薄弱，必须采用人工保温。在培育工作中，为雏鹅创造适宜的外界温度环境，能保证雏鹅的生长发育和成活。否则，会出现生长发育不良、成活率低甚至造成大批死亡。

(3)雏鹅消化道容积小，消化能力弱。30 日龄以内的小鹅，特别是 20 日龄以内的雏鹅，不仅消化道容积小、消化力差，而且吃下的食物通过消化道的速度比雏鸡快得多(雏鹅平均保留 1.3 h，雏鸡为 4 h)。因此，在给饲时要少喂多餐，喂给易消化、全价的配合饲料，以满足其生长发育的营养需要。

(4)雏鹅新陈代谢旺盛。雏鹅体温高，呼吸快，体内新陈代谢旺盛，需水较多，育雏时水槽不可断水。

(5)雏鹅易扎堆，饲养密度要适当。特别是 20 日龄内的雏鹅，当温度稍低时就易发生扎堆现象，常出现受捂压伤，甚至大批死亡。受捂小鹅即使不死，生长发育也慢。为防止上述现象的发生，在育雏时须精心管理，掌握好育雏的温度和密度。

(6)公、母雏生长速度不同。同样饲养管理条件下，公雏比母雏增重多 5%～25%，单位增重耗料也少。据国外试验报道，公、母雏鹅分开饲养，60 日龄时的成活率要比公、母雏鹅混合饲养高 1.8%，每千克增重少耗料 0.26 kg，母鹅活重多 251 g。所以，在条件许可的情况下，育雏时应尽可能做到公、母雏鹅分群饲养，以便获得更高的经济效益。

(7)雏鹅个体小,抗病力差。雏鹅的抵抗力和抗病力较弱,容易感染各种疾病,加上密集饲养,一旦发病,损失严重,因此放牧应适时,同时要认真做好卫生防疫工作。

☞ 20. 育雏应安排在什么季节?

育雏季节要根据种蛋的来源,当地的气候状况与饲料条件,人员的技术水平,市场的需要等因素综合确定,其中,市场需要尤为重要。一般来说,都是春季捉苗鹅。这时正是种鹅产蛋的旺季,可以大量孵化。气候由冷转暖,育雏较为有利。百草萌发,苦荬菜、莴苣已有,可作雏鹅开食吃青的饲料。当雏鹅长到 20 日龄左右时,青饲料已普遍生长,质地幼嫩,能全天放牧。到 50 日龄左右,仔鹅进入育肥期,刚好大麦收割,接着是小麦收割,可以放麦茬育肥,到育肥结束时,恰好赶上我国传统节日端午节上市。也有少数地方饲养夏鹅的,即在早稻收割前 60 天捉雏鹅,到早稻收割时利用放稻茬田育肥,开春产蛋也能赶上春孵。在南方,一般是 11 月份前后捉雏鹅,这时饲养条件好,鹅儿长得快,仔鹅育肥结束刚好赶上春节市场需要。在四川有养冬鹅的习惯,即 11 月份开孵,12 月份出雏,冬季饲养,快速育肥,春节上市。冬季养鹅,要解决好饲料供应问题,只要技术水平能适应,饲料供应能解决,可以养冬鹅,以充分利用栏舍、设备。在北方冬季很冷,一向不养鹅,但采用塑料薄膜扣压的暖棚,其内平均温度在 5~7℃,也能养鹅。

☞ 21. 育雏前应做好哪些方面的准备工作?

(1)要对育雏室进行全面检查,对有破损的墙壁和地板要及时修补,保证室内无贼风入侵,鼠洞要堵好。照明用线路、灯泡必须完好,灯泡个数及分布按每平方米 3 W 的照度安排,并安装好取暖设备。如利用牛舍、猪舍或其他旧房改建成鹅舍时,只要符合鹅舍的要求,均可以使用,但其中最重要的要求是干燥、清洁,通风良好和有充足的采光面积。地面最好为水泥地面，以便于冲洗消毒。如为了节约成本，采用土质地面时，则要求地面土质必须吸水性好，同时采用厚垫料式饲养。按雏鹅所需备好料盆、水盆。

(2)室内外在接雏前2～3天应进行彻底的清扫消毒。墙壁可用20%的石灰浆刷新，阴沟用20%的漂白粉溶液消毒；地面、天棚用10%硫酸或石炭酸溶液喷洒消毒，每平方米面积使用0.5～1 L消毒液，关闭门窗1 h，然后敞开门窗，让空气流动，吹干室内。育雏用具如圈栏板、巢穴、食槽、水槽等皆可用5%的热烧碱溶液洗涤，然后再用清水冲洗干净，防止腐蚀雏鹅黏膜。圈栏垫铺或巢穴的褥草应用干燥、松软、清洁、无霉烂的稻草或其他秸秆。盖巢穴的棉絮、草棵或麻袋，使用前须用阳光曝晒1～2天。育雏室出入应设有消毒池，进入育雏舍人员随时进行消毒，严防病毒进入，使育雏遭受疫病侵害。尤其值得注意的是，育雏室的地面不宜用石灰乳消毒，更不宜用石灰粉消毒，其原因是随人员的走动，易扬起石灰粉末，落入到雏鹅眼内引起结膜炎或易使空气混浊，导致气管炎。

(3)要保证整个育雏期稳定足够的饲料及准用药物。农村家庭养鹅户和专业户的雏鹅饲料，一般多用小米和碎米，经过浸泡或稍蒸煮后喂给。为使爽口、不粘嘴，最好将蒸煮过的饲料用水淘过以后再喂。这种饲料较单一，最好是从一开始就喂给混合饲料。1～21日龄的雏鹅，日粮中粗蛋白质水平为20%～22%，代谢能为11.30～11.72 MJ/kg，28日龄起，粗蛋白水平为18%，代谢能约为11.72 MJ/kg。喂配合料时，应注意饲料的适口性，不能粘嘴，有条件时若能制成颗粒饲料，饲喂效果更好。颗粒饲料的适口性好，而且比喂粉料节约15%～30%的饲料。实践证明，喂给富含蛋白质日粮的雏鹅生长快、成活率高，比喂给单一饲料的雏鹅可提早10～15天达到上市出售的标准体重。另外，鹅是草食水禽，在培育雏鹅时要充分发挥其原有特性，补充日粮中维生素的不足时，最好用幼嫩菜叶切成细丝喂给。应满足雏鹅对青绿饲料的需要，占饲料的60%～70%。缺乏青料时，要在精料中补充0.01%的复合维生素。一般每只雏鹅4周龄育雏期需备精料3 kg左右，优质青绿饲料8～10 kg。同时要准备雏鹅常用的一些药品，如土霉素、痢特灵等。

(4)雏鹅舍应提前升温。使温度达到28～30℃，才能进鹅苗。地面或炕上育雏的，应铺上一层10 cm厚的清洁干燥的垫草，然后开始供暖，温度表应悬挂在高于雏鹅生活的地方5～8 cm处，并观测昼夜温度变化。

☞ 22．肉鹅育雏应满足哪些条件？

鹅雏的生长发育要求良好的环境条件，除具有健康的雏苗外，适宜的温度、湿度、密度、通风及光照等都是育雏期间必须具备的条件。

(1)温度。刚出壳的雏鹅，绒毛稀少，体质比较娇弱，身体又比其他雏禽大而呆笨，本身调节体温能力弱。为了防止它们之间打堆压伤或受热“出汗”而成僵鹅，必须人为地创造一定的外界温度。人工控制雏鹅体温，需要有2～3周的时间，否则将影响雏鹅的生长发育和成活率。温度的高低，保温期的长短，因品种、季节、日龄和雏鹅的强弱而不同。如弱雏，早春或夜晚可适当提高1℃。所谓育雏温度只是一种参考，在饲养过程中除看温度表和通过人的感官估测来掌握育雏的温度外，还可根据雏鹅的表现来观察温度的高低。温度适宜，雏鹅安静无声，彼此虽依靠，但无打堆现象，吃饱后不久就睡觉；如果箱内或室内温度过低，雏鹅叫声频频而尖，并相互挤压，严重时发生堆集；如果温度过高，雏鹅向四周散开，叫声高而短，张口呼吸，背部羽毛潮湿，行动不安，放出吃料时表现口渴而大量饮水。发现上述情况，应及时调整。温度不能忽高忽低，温度过低，雏鹅易受凉感冒；温度过高，雏鹅体质会变弱。育雏期所需温度,可按日龄、季节及雏鹅体质情况进行调整。这里所指的育雏温度,是育雏箱内垫草上 5～10 cm 处的温度而不是室温。室温是指育雏室内两窗之间距地上 1.5～2 m 高处的温度。具体参见表 1。

表 1　育雏温度与湿度

日龄	温度(℃)	湿度(%)	室温(℃)
1～5	27～28	60～65	15～18
6～10	25～26	60～65	15～18
11～15	22～24	65～70	15
16～20	18～22	65～70	15
20 以上	常温		

(2)湿度。鹅虽然属于水禽,但怕圈舍潮湿,30 日龄以内的雏鹅更怕潮湿。潮湿对雏鹅健康和生长影响很大,若湿度高温度低,体热散发而感寒冷,易引起感冒和下痢。若湿度高温度亦高,则体热散发受抑制,体热积累造成物质代谢与食欲下降,抵抗力减弱,发病率增加。因此,育雏室应选择在地势较高,排水良好的沙质土壤为佳。育雏室的门窗不宜密封,要注意通风透光。室内相对湿度的具体要求参见表 1。室内不宜放置湿物,喂水时切勿外溢,要注意保持地面干燥。尤其是育雏笼,每次喂料后要增添垫料一次。自温育雏在保温与防湿上存在一定矛盾,加覆盖物时温度便上升,湿度也增加,加上雏鹅日龄增大,采食与排粪量增加,湿度将更高,因此,在加覆盖物保温时不能密闭,应留一通气孔。此外,育雏室与育雏笼内温度、湿度相差较大,当揭开覆盖物喂饲时,育雏易感冒,在忽冷忽热,尤其寒冷季节更为严重。育雏室内最好应有保温设备,特别在大规模育雏中,不但管理方便而且可提高劳动效率和育雏成绩。

(3)空气。由于雏鹅生长发育较快,新陈代谢非常旺盛,排出大量的二氧化碳和水蒸气,加之粪便中分解出的氨,使室内的空气受到污染,影响鹅雏的生长发育。为此,育雏室必须有通风设备,经常进行通风换气,保持室内空气新鲜,但不能有贼风。通风换气时,不能让进入室内的风直接吹到鹅雏身上,防止其受凉而引起感冒。同时,自温育雏的覆盖物要留有气孔,不能盖严。

(4)密度。在正常的饲养管理下。雏鹅生长发育较快,要随日龄的增加,对密度进行不断的调整。如果密度过大,鹅群拥挤,则生长发育缓慢,并出现相互啄羽、啄趾、啄肛等现象。密度过小,当然也不经济。通常每平方米养育 1～5 日龄的雏鹅 20～25 只,6～10 日龄的 20 只,16～20 日龄的 12 只。

(5)光照。雏鹅的光照要制定制度,严格执行。光照不仅与生长速度有关,也对仔鹅培育期性成熟有影响。光照量过度,种鹅性成熟提前。种鹅开产早,蛋形小,产蛋持续性差。育雏期光照时间:第 1 天可采用 24 h 光照,以后每 2 天减少 1 h,至 4 周龄时采用自然光照。

☞ 23.肉鹅的育雏方式有哪几种?

雏鹅的培育,按照给温方式的不同,分为自温育雏和人工给温育雏两种方式;按照空间利用方式的不同,分为平面育雏和立体笼式育雏两种方式。其中平面育雏包括地面平养和网上平养两种方式。

☞ 24.给温育雏应如何操作?

依据给温来源不同,常用的育雏方法有:①电热育雏伞,使用金属外罩,须接地线,以确保安全。②红外线灯给温伞。用 250 W 红外线灯悬挂在育雏床上方,距床面 0.5～1 m 也可隔成小区,每小区 3～5 m 一个红外线灯,在灯下可造成局部小气候。此法适宜不停电地区使用。③地下烟道式火炕给温。此法温度稳定,使雏鹅腹部受温，地面干燥，育雏效果好，而且结构简单、造价低，燃料可就地取材，煤、树叶、柴草、木炭均可。这种形式适用于家庭养鹅或专业户养鹅的育雏。④煤炉给温。利用煤炉作热源向育雏室供暖，保持育雏舍适合雏鹅生活的环境温度。⑤煤气热源给温。室内铺设煤气管道，将排气孔设在室外，利用煤气热源提高室温。人工给温形式适用于无电源的地方。不论采用何种给温形式，都必须根据不同日龄雏鹅所需要的温度参数加以掌握。

☞ 25. 自温育雏应如何操作?

在华东或华南一带气候较暖，多采用自温育雏。即利用鹅体自身发出的热量，采取保温措施，获得较好的温度条件来育雏。一般是将鹅放在铺有干燥清洁垫草的箩筐、木桶、纸箱、草围内，加盖保温物品，通过增减覆盖物、垫草厚度或调整雏鹅密度等措施来调节温度。保温用具最好是圆形，因为有棱角的地方容易伤害雏鹅。这种育雏方法，设备简单、经济，但管理麻烦，卫生条件差，适于小群育雏和气候较暖和的地方。

☞ 26. 地面平养如何操作?

地面平养即鹅舍地面上铺 5～10 cm 厚垫料，鹅雏在上面自由活动，经常松动和更换垫料，把湿脏垫料拿至室外晒干后再用。保温形式多用煤气热源、电热保温伞、地下烟道(或火炕)或自温育雏。此方式投资少但占地面积多，劳动强度大。

☞ 27. 网上平养如何操作?

支起低床(距地面 50 cm)或高床(1 m 以上)，上面铺塑料底网(网眼 1.25 cm×1.25 cm)或竹栅(条距 2 cm)，鹅雏在上面活动。育雏的一边留有过道，便于喂料和加水。过道可用软网围起，防雏鹅外跑。保温形式可用电热保温伞或煤炉作为热源进行育雏室保温。此方式的优点是管理方便,劳动强度相对小,鹅雏与粪便接触机会少,减少球虫病的发生。高床式清粪方便,上层温度高,省燃料。

☞ 28.怎样给雏鹅饮开口水?

当雏鹅从孵化场运来后,立即安排到事先准备好并消毒过的育雏室里,稍事休息,应随即喂水。如果是远距离运输,则宜首先喂给5%~10%的葡萄糖水,其后就可改用普通清洁饮水,这对提高育雏成绩很有帮助。饮水训练是将雏鹅的嘴在饮水器里轻轻按下1~2次,使之与水接触,如果批量较大,就训练一部分小鹅先学会饮水,然后通过模仿行为使其他小鹅相互学习。但是饮水器放置位置要求固定,切忌随便移动。一经开水后,绝不能停止,保证随时都可喝到水,天气寒冷时宜用温水。初次饮水要在开料之前进行,这是很重要的一关。之所以重要,是由于出壳时腹内带有一个几乎没有被利用的蛋黄,它可为出壳后的雏鹅维持超过90 h的营养。雏鹅从出壳运到育雏室直到喂料这一段时间里的生命活动,全靠体内卵黄供应能量和营养,而卵黄在吸收过程中,需消耗较多的水分,所以,进入育雏室的第一件事就是先饮水。生命活动少不了水,水非营养物质,但养分的吸收一定需要水参与才能完成,这是生命化学过程的常识。然而,有些地方对此极不重视,雏鹅只喂给一些浸湿的碎米和青饲料,水分远远不能满足需要。在几小时或几天后,突然喂水时或放到水池里,立即引起暴饮,造成生理上酸碱平衡失调,死亡率增高,这些事例常有发生。也有的地方采用把小鹅放在竹筐里,再把竹筐放在水盆里或者河水里,让小鹅隔筐站在水中(3~4 cm深),使之接触水、喝水。所谓点水,目的之一也是让其喝水,但这种方法易弄湿绒毛而使雏鹅受凉,必须谨慎从事。如果雏鹅较长时间缺水,为防止因骤然供水引起暴饮造成的损失,宜在饮水中按0.9%的比例加些食盐,调制成生理浓度，这样的饮水即使暴饮也不会影响血液中正负离子的浓度。

☞ 29. 怎样给雏鹅开食？

刚出壳的雏鹅，其腹内卵黄虽能满足 3～4 天的营养需要，但不能等到第 4 天才开始喂食，因为雏鹅从利用卵黄转为利用饲料需要一个过程。一般来说第 4 天起，体内卵黄已基本被吸收利用完了，体重较原来轻，这时雏鹅食欲增强，消化能力也较强。如果不适时开食，能量和养分供应就会产生脱节现象，对生长发育不利。适时开食还能促进胎粪排出，刺激食欲。开食必须在第 1 次饮水后，当雏鹅开始起身站起来活动并表现有啄食行为时进行。一般是在出壳后 24～36 h 开食。开食的精料多为细小的谷实类，常用的是碎米和小米，经清水浸泡 2 h 许，喂前沥干水。开食的青料要求新鲜、易消化，常用的是苦荬菜、莴苣叶、青菜等，以幼嫩、多汁的为好。青料喂前要剔除黄叶、烂叶和泥土，去除粗硬的叶脉，并切成 1～2 mm 宽的细丝状。饲喂时把加工好的青料放在手上晃动，并均匀地撒在草席或塑料布上，引诱雏鹅采食。个别反应迟钝、不会采食的鹅，可将青料送到其嘴边，或将其头轻轻拉入饲料盆中。开食可以先青后精，也可以先精后青，还可以青精混合。开食的时间持续约为 0.5 h，开食时的喂量一般为每 1 000 只雏鹅每天 5 kg 青料，2.5 kg 碎米，分 6～10 次(包括夜晚)饲喂。在华东、华南地区，也有用米饭代替浸泡碎米的，但饭粒不可太烂，以饭粒彼此能散开为宜。青料在切细时不可挤压。切碎的青料不可存放过久。雏鹅对脂肪的利用能力很差，饲料中应忌油，不要用带油腻的刀切青料，更不要加喂含脂肪较多的动物性饲料。1～3 日龄的雏鹅都要这样饲喂，随后喂量渐增，到 3 日龄时每 1 000 只鹅每天用碎米 5 kg，青料 12.5 kg，同时满足其饮水要求。4～10 日龄的雏鹅，食欲和消化能力有所增强，喂量要逐步增加。7 日龄时每天每 1 000 只鹅用碎米 15 kg，青料 37.5 kg；10 日龄时提高到碎米

21 kg,青料 77.5 kg 左右。碎米浸泡同前,如是米饭可逐步增加硬度。青料切碎的宽度可略增加,达 2～3 mm。饲喂次数适当减少,可每天 6～8 次,其中夜间 2 或 3 次。此时可在饲料中加一些煮熟的蛋黄或含脂肪较少的植物性蛋白饲料。上述喂量是参考数,实际饲喂时以掌握 8 成饱为宜,因为这时雏鹅的消化能力还较差。从 4 日龄起,雏鹅的饲料中应添加砂粒,大小以能吃下去为宜。11～20 日龄雏鹅,精料可由熟喂逐步过渡为生喂,生喂的则渐转为少浸泡或不浸泡,也可渐转为用混合精料。青料宽度可增为 3～5 mm,并逐步增加青料的比重,使其比例增至 80%～90% 的水平。每天喂给的次数,可减少为 6 次,其中晚上 2 次。如天气晴暖,可以开始放牧,让鹅采食青草,放牧前不喂料。这一阶段内,青料中可包括切碎的较硬粗的叶柄、叶脉。21～30 日龄雏鹅对外界环境的适应性增加,消化能力也加强。青料的切碎宽度可再增到 5～10 mm,日粮中青料的比例可增加到 90%～92%。这时,也要逐步延长放牧时间。舍饲一般每天喂 5 次,其中晚上 1 或 2 次。雏鹅生长很快,水盆、饮水器和食盆、食槽每隔 10 天就要更换。食槽的规格:1～7 日龄鹅为 90 cm(长)×7 cm(宽)×5 cm(高),8～20 日龄为 90 cm×18 cm×7 cm。雏鹅阶段如采用配合饲料进行饲养则效果更好。

☞ 30. 怎样进行雏鹅的放牧?

放牧就是让雏鹅到大自然中去,采食青草,饮水嬉水,运动与休息。通过放牧,可以促进雏鹅新陈代谢,增强体质,提高适应性和抵抗力。雏鹅身上仅长有绒毛,对外界环境的适应性不强。雏鹅从舍饲转为放牧,是生活条件的一个重大改变,必须掌握好,循序渐进。雏鹅初次放牧的时间,可根据气候而定,最好是在外界与育雏温度接近、风和日丽时进行,通常较热的天气在出壳后 3～7 天,较冷的天气是在出壳后 10～20 天进行初次放牧。放牧前喂饲少量饲料后，将雏鹅缓慢赶到附近的草地上活动，让其采食青草约0.5 h，然后赶到清洁的浅水池塘中，任其自由下水几分钟，再赶上岸让其梳理绒毛，待毛干后赶回育雏室。初次放牧以后，只要天气好，就要坚持每天放牧，并随日龄的增加而逐渐延长放牧时间，加大放牧距离，相应减少喂青料次数。为了争取放牧良好，要掌握牧鹅技术，主要有：

(1)掌握指挥技巧。要鹅听从指挥，必须从小训练，关键在于让鹅群熟悉指挥信号和语言信号，选择好鹅群的头鹅。如果用小红旗或彩棒作指挥信号，在雏鹅出壳时就应让其看到，以后在日常饲养管理中都用小红旗或彩棒来指挥，旗行鹅动，旗停鹅止，并与喂食、放牧、收牧、下水行为等逐步形成固定的“语言信号”，形成条件反射。头鹅身上要涂上红色标志，便于寻找。放牧只要综合运用指挥信号，充分发挥头鹅的作用，就能做到招之即来，挥之即去。

(2)选好放牧场地。雏鹅的放牧场地，要求离育雏室距离近、道路平坦、青草鲜嫩、有水源，可以喝水、洗澡，水草洁净，没有疫情和农药、废水、废渣、废气或其他有害物质污染。最好不要在公路两旁和噪声较大的地方放牧，以免鹅群受惊吓。

(3)合理组织鹅群。放牧的鹅群以300～500只为宜，最多不要超过600只，由两位放牧员负责。同一鹅群的雏鹅，应该日龄相同，否则大的鹅跑得快，小的鹅走得慢，难于合群。鹅群太大不好控制，在小块放牧地上放牧常造成走在前面的鹅吃得饱，落在后面的鹅吃不饱，影响生长发育的均匀度。

(4)妥善安排放牧时间。雏鹅的放牧应该迟放早收。上午第1次放鹅的时间要晚一些，以草上的露水干了以后放牧为好，下午收鹅的时间要早一些。如果露水未干就放牧，雏鹅的绒毛会被露水沾湿，尤其是腿部和腹下部的绒毛湿后不易干燥，早晨气温又偏低，易使鹅受凉，引起腹泻或感冒。初期放牧每天2次，每次约0.5 h，上、下午各一次，以后逐渐增加次数，延长时间，到20日龄后，雏鹅毛的毛管已开始长大，即可全天放牧，只需夜晚补饲 1 次。

(5)加强放牧管理。放牧员要固定，不宜随便更换。放牧前要仔细观察鹅群，把病、弱鹅和精神不振的鹅留下，出牧时点清鹅数。放牧雏鹅要缓赶慢行，禁止大声吆喝和紧追猛赶，以防止鹅受惊和跑场。阴雨天气应停止放牧。雨后要等泥地干到不粘脚时才能出牧。平时要注意听天气预报和看天气变化，避免鹅群受烈日曝晒和风吹雨淋。放牧时要观察鹅群动态，待大部分鹅吃饱后，让鹅下水活动，活动一段时间后赶上岸蹲地休息，休息到大部分雏鹅因饥饿而躁动时，再继续放牧，如此反复。所谓吃饱，是指鹅采食青草后，食道膨大部逐渐增大、突出，当发鼓发胀部位达到喉头下方时，即为一个饱。随着日龄的增长，先要让鹅逐步达到放牧能吃饱，再往后争取达到一天多吃几个饱。雏鹅蹲地休息时，要定时驱动鹅群，以免睡着受凉。收牧时要让鹅群洗好澡，并点清鹅数，再返回育雏室。对没有吃饱的雏鹅，要及时给予补饲。

☞ 31. 怎样饲喂沙砾？

雏鹅 3 天后料中可掺些砂石，以能吞食又不致随粪便排出的粒体大小为度。因鹅没有牙齿，完成机械消化的主要器官是肌胃，除可磨碎食物外，还必须有沙砾协助，以提高消化率，防止消化不良。添加量应在 1% 左右，10 日龄前沙砾直径为 1～1.5 mm，10 日龄后改为 2.5～3 mm。每周喂量 4～5 g。也可设沙砾槽，雏鹅可根据自己的需要觅食。

☞ 32. 雏鹅管理的主要内容有哪些？

雏鹅的管理是育雏成败的关键之一，对提高雏鹅成活率和增重有直接影响，雏鹅管理的主要内容有：

(1)注意适时脱温。一般雏鹅的保温期为 20～30 日龄，适时脱温可以增强鹅的体质。过早脱温，雏鹅容易受凉，而影响发育；

保温太长,则雏鹅体重弱,抗病力差,容易得病。雏鹅在4～5日龄时,体温调节能力逐渐增强。因此,当外界气温高时,雏鹅在3～7日龄可以结合放牧与放水的活动,逐步外出放牧,就可以开始逐步脱温。但在夜间,尤其在凌晨2～3时,气温较低,应注意适时加温,以免受凉。冷天在10～20日龄,可外出放牧活动。一般到20日龄左右时可以完全脱温,冬季育雏可在30日龄脱温。完全脱温时,要注意气温的变化,在脱温的头2～3天,若外界气温突然下降,也要适当保温,待气温回升后再完全脱温。

(2)及时分群。由于种蛋、孵化技术等多种因素的影响,同期出壳的雏鹅体质强弱差异仍较大,以后又会因饲养等多种因素的影响造成强弱不均,必须定期按强弱、大小分群,并将病雏及时挑出隔离,对弱群加强饲养管理。否则,强鹅欺负弱鹅,会引起挤死、压死、饿死弱雏的事故,生长发育的均匀度将越来越差。在自温育雏时,尤其要控制鹅群密度,一般在第1周,直径35～40 cm的筐或折圈中养15只左右,以后逐渐减为养10只左右。给温育雏时,也要注意饲养密度,每平方米面积养雏鹅数为15日龄25只,6～10日龄的15只,11～15日龄的12只,15日龄后为8只,每群以100～150只为宜。合理的密度,既有利于雏鹅生长发育,又能提高育雏室的利用效率,还可以防止压伤、压死雏鹅。在整个育雏过程中,不论何种育雏方式,都要防止鹅群相互挤堆在一起。雏鹅怕冷,休息时常相互挤在一起,严重时可能堆集数10层之多,压在下面的鹅常常发生死伤。自开食以后,应每隔1 h轰赶1次,夜间和气温较低时,尤其要注意经常检查。起身时用手抄动,拨散挤在一起的雏鹅,使之活动,以调节温度,蒸发水汽。随着日龄的增长,起身间隔延长,次数减少,同时通过合理分群、控制饲养密度来避免打堆及其伤害。防止挤堆,这是提高育雏成活率的重要一环。

☞ 33. 怎样防止雏鹅的应激反应?

在5日龄内的雏鹅,每次喂料后,除了给予10～15 min在室内活动外,其余时间都应让其休息睡眠。所以,育雏室里环境应安静,严禁粗暴操作、大声喧哗引起惊群,光线不宜太强,灯泡功率不要超过40 W,而且不宜悬高,只要能让雏鹅看到饮水吃料就行,夜晚点灯以驱避老鼠、黄鼠狼等。电灯泡以有颜色的特别是蓝色比较好,它可减少雏鹅彼此间啄毛癖的发生,而且对雏鹅眼睛刺激较为温和。30日龄后逐渐减少照明时间,直到停止照明使用自然光照为止。如果采用红外线灯泡作保温源时,悬挂高度必须离垫料不低于30 cm,否则易引起火灾。在放牧过程中,不要让犬及其他家养或野生动物突然接近鹅群,注意避开火车、汽车的高声鸣叫。

☞ 34. 仔鹅的生理特点有哪些?

仔鹅,又称生长鹅、青年鹅或育成鹅,是指从4周龄起到选入种用或转入肥育时为止的鹅。在我国对于一般品种来说,就是指4周龄以上至70日龄左右的鹅(品种之间有差异),俗称仔鹅。仔鹅阶段的特点是:鹅的消化道容积增大,消化力和对外界环境的适应性及抵抗力增强了;鹅骨骼、肌肉和羽毛生长最快,并能大量利用青绿饲料饲喂。这时以多喂青料或进行放牧饲养最为适合,也最为经济。

☞ 35. 仔鹅的饲养管理应重点做好哪些工作?

(1)放牧饲养。放牧鹅能使鹅得到充分的运动,增强其体质,提高其生活力。实践证明,放牧在草地和水面上的鹅群,由于经常处在新鲜空气环境中,不仅能采食到含维生素和蛋白质营养丰富的青绿饲料,而且还能得到充足阳光和足够的运动量,促进机体新陈代谢,使其体质健壮,增强鹅对外界环境的适应性和抵抗力。从这些特点出发，天气炎热，日光强烈时，放牧不宜过远。上午提早放牧，下午3时或4时时再放牧。仔鹅放牧中不宜过快驱赶，要避免鹅群曝晒、雨淋。

(2)做好游泳、饮水工作。游泳在鹅的生活中，是一项不可缺少的重要组成部分。游泳能促进鹅新陈代谢，增强其体质，提高羽毛的防水防湿能力，提高羽毛的光泽，并可防止生虱和皮肤病。

(3)做好卫生、防疫工作。放牧的鹅群，放牧前应注射小鹅瘟血清、禽霍乱疫苗。在放牧中，如发现邻区或上游放牧的鹅群或分散养鹅户发生传染病时，应立即转移鹅群到安全地点放牧，以防传染疫病。不要到工业排放污水的沟渠放牧，对喷洒过农药、施过化肥的草地、果园、农田，应过10～15天后再放牧，以防中毒。每天要清洗饲料槽、饮水盆，定期更换垫草，随时搞好舍内外、场区的清洁卫生。另外，仔鹅还缺乏自卫能力，鹅棚舍要搞好防鼠、防兽害的设施。

(4)及时转群、出栏。仔鹅放牧饲养管理中，根据日龄，结合有利的饲养季节，充分利用放牧草地和田间遗谷粒穗，在较少的补饲条件下，仔鹅可以比较好地生长发育，一般长至70～80日龄时，就可以达到选留种鹅的体重要求。选留的合格种鹅可转入后备种鹅群，继续进行培育。不符合种用条件的仔鹅和体质瘦弱的仔鹅，可及时转入育肥群，进行肉用仔鹅育肥。达到出栏标准体重的仔鹅可及时上市出售。

☞ 36．什么是仔鹅的育肥？

仔鹅饲养到70日龄左右，虽然体重因品种不同而有差异，但都有一定的膘度，小型太湖鹅和豁眼鹅体重可达2 kg左右，皖西白鹅3 kg左右，埃姆登鹅3.7 kg左右，基本上都可上市。但从经济角度考虑，体重仍偏小，肥度还不够，肉质含有一定的草腥味。为了进一步提高产肉质量和屠宰体况，应采用投给丰富能量饲料，采取短时间快速育肥法,肥育的时间以半个月至1个月为宜。经过短期育肥后,仔鹅膘肥肉嫩,胸肌丰厚,味道鲜美,屠宰率高,可食部分比重增大。因而经过肥育后的鹅更受消费者的欢迎,产品畅销,同时增加饲养户的经济收益。由于肥育仔鹅饲养管理的状况,直接影响上市肉用仔鹅的体重、膘度、屠宰率、饲料报酬以及养鹅的生产效率和经济效益,因此,对于肉用仔鹅来说,早期的育雏和后期的育肥,具有同样重要的作用。

☞ 37. 肉仔鹅育肥的原理是什么?

仔鹅的育肥多采用限制其活动来减少体内能量的消耗,喂给富含碳水化合物的饲料,养于安静且光线暗淡的环境中,促进仔鹅脂肪沉积。育肥期间,鹅所需的是大量的碳水化合物,包括糖类和淀粉能量物质。这些物质进入体内经消化吸收后产生大量的能量,供鹅活动之需要。过多的能量便转化为脂肪,在体内贮存起来,使鹅育肥。当然,在大量供应碳水化合物的同时,也要供应适量的蛋白质。蛋白质在体内充裕,可使肌纤维充分分裂增殖,使鹅体内各方面的肌肉得到扩张,特别是胸肌充盈丰满起来,整个鹅变得肥大而结实。因此,对育肥的鹅,必须给予特殊的管理和饲料条件。

☞ 38. 育肥前应做好哪些准备工作?

中鹅饲养期过后,肥育鹅选择及分群饲养,首先从鹅群中选留种鹅,送至种鹅场或定为种鹅群定向培育。剩下的鹅为肥育鹅群,选择作肥育的鹅只不分品种、性别,要选精神活泼,羽毛光亮,两眼有神,叫声洪亮,机警敏捷,善于觅食,挣扎有力,肛门清洁,健壮无病的70日龄以上的仔鹅作肥育鹅。新从市场买回的肉鹅,还需在清洁水源放养2~3天,喂500 mg/kg的高锰酸钾溶液进行肠胃消毒,确认其健康无病后再予育肥。为了使育肥鹅群生长齐整、同步增膘，须将大群分为若干小群。分群原则是，将体型大小相近和采食能力相似的公、母混群，分成强群、中群和弱群3等，在饲养管理中根据各群实际情况，采取相应的技术措施，缩小群体之间的差异，使全群达到最高生产性能，一次性出栏。鹅体内的寄生虫较多，如蛔虫、原虫、泄殖吸虫等，育肥前要进行一次彻底驱虫，对提高饲料报酬和肥育效果极有好处。驱虫药应选择广谱、高效、低毒的药物。

☞ 39. 育肥有哪些方法？

肥育的鹅群确定后，移至新的鹅舍，这是一种新环境应激，鹅会感到不习惯，有不安表现，采食减少。肥育前应有肥育过渡期或预备期，逐渐适应即将开始的肥育饲养，一般为1周左右。采用的育肥方法有两种：放牧加补饲育肥法和圈养限制运动育肥法。

☞ 40. 什么是放牧加补饲育肥法？

实验证明放牧加补饲是最经济的育肥方法。放牧育肥根据肥育季节的不同，进行野草子、麦茬地、稻茬地，采食收割时遗留在田里的粒穗，边放牧边休息，定时饮水。放牧育肥是我国民间广泛采用的一种最经济的育肥方法，5月鹅9月肥，到时即可上市。如果白天吃的子粒很饱，晚上或夜间可不必补饲精料。如果肥育的季节赶到秋前（子粒没成熟）或秋后，放牧时鹅只能吃青草或秋黄死的野草，那么晚上和夜间必须补饲精料，能吃多少喂多少，吃饱的鹅颈的右侧又出现一假嗉囊，吃饱的鹅有厌食动作，摆脖子下咽，嘴头不停地往下点。补饲必须用全价配合饲料，或压制成颗粒料，可减少饲料浪费。补饲的鹅必须饮足水，尤其是夜间不能停水。

☞ 41. 什么是限制运动育肥法？

常用方法有两种：填饲育肥法和自由采食育肥法。

(1)填饲育肥法。采用填鸭式肥育技术,即在短期内强制性地让鹅采食大量的富含碳水化合物的饲料,促进育肥。如可按玉米、碎米、甘薯面60%,米糠、麸皮30%,豆饼(粕)粉8%,生长素1%,食盐1%配成全价混合饲料,加水拌成糊状,用特制的填饲机填饲。具体操作方法是:由两人完成,一人抓鹅,一人握鹅头,左手撑开鹅嘴,右手将胶皮管插入鹅食道内,脚踏压食开关,一次性注满食道,一只一只慢慢进行。如没有填饲机,可将混合料制成1~1.5 cm粗、长6 cm左右的食条,待阴干后,用人工一次性填入食道中,效果也很好,但这种方法费人工,适于小批量肥育。其操作方法是,填饲人员坐在凳子上,用膝关节和大腿夹住鹅身,背朝人,左手把嘴撑开,右手拿食条,先蘸一下水,用食指将食条填入食道内,每填一次用手顺着食道轻轻地向下推压,协助食条下移,每次填3~4条,以后增加直至填饱为限。开始3天内,不宜填得太饱,每天填3~4次。以后要填饱,每日填5次,从早6时到晚10时,平均每4 h填一次。填后供足饮水。每天傍晚应放水一次,时间约0.5 h,将鹅群赶到水塘内,可促进新陈代谢,有利消化,清洁羽毛,防止生虱和其他皮肤病。每天清理圈舍两次,如使用褥草垫栏,则每天要用干草替换,湿垫料晒干、去污后仍可使用。若用土垫,每天须添加新干土,7天要彻底清除一次,堆积起来发酵,不但可防止环境污染,还可提高肥效。

(2)自由采食育肥法。有网上育肥和地平面加垫料育肥两种方式,均用塑料网或竹竿、木条隔成小区,食槽和水槽设在围栏外,鹅伸出头来自由采食和饮水。鹅在围栏内活动,向外伸头采食和饮水,每天都要清理垫料或加新垫料,劳动强度相对大,卫生较差,但投资少,肥育效果也很好。采用自由采食育肥,可先喂青料50%,后喂精料50%,也可精青料混合饲喂。在饲养过程中要注意鹅粪的变化,当鹅粪逐渐变黑,变细而结实,说明肠管和肠系膜开始沉积脂肪,应改为先喂精料80%,后喂青料20%,逐渐减少青粗饲料的填加量,促进其增膘,缩短肥育时间,提高育肥效益。

☞ 42. 肥育的标准是什么?

经育肥的仔鹅,体躯呈方形,羽毛丰满,整齐光亮,后腹下垂,胸肌丰满,颈粗圆形,粪便发黑、细而结实。根据翼下体躯两侧的皮下脂肪,可把肥育膘情分为 3 个等级:

一级肥度鹅。皮下摸到结实富有弹性较大的脂肪块,皮下脂肪增厚,尾椎部丰满,胸肌饱满,突出胸骨,羽根呈透明状。

二级肥度鹅。皮下摸到板栗大小的疏松小团块。

三级肥度鹅。皮下脂肪增厚,皮肤可以滑动。

当育肥鹅达到一级肥度即可上市出售,肥度达二级以上,体重和肥度整齐均匀,说明肥育成绩优秀。

☞ 43. 什么是后备种鹅?

仔鹅养到 70 天左右,对混群鹅要进行选择,按照各品种体型外貌,选出体躯匀称,体重相似的整齐鹅群,作为产蛋鹅的后备群,此即为后备种鹅,也就是 70 日龄或 10 周龄以后到产蛋或配种之前准备作种用的仔鹅。

☞ 44. 怎样根据季节产蛋要求选择后备种鹅?

选好后备种鹅,是提高种鹅质量的重要一环。选种除考虑育种要求外,还要考虑仔鹅的生产季节和未来的种用季节。由于公鹅性成熟比母鹅早,故而选留公鹅的时间要迟 2 个月左右,多在夏鹅的仔鹅当中于 8 月中旬选留。这样做,不仅在繁殖上比较有利,而且后备种鹅可以少养 2 个月左右,节省较多的饲料和工时。

☞ 45. 后备种鹅的饲养管理分为哪几个阶段?

后备种鹅从仔鹅阶段后期饲养管理的基础出发,以适时配种或产蛋、多产蛋、产好种蛋为目的，依据后备种鹅生长发育的特点，通常将整个后备期分为前期、中期和后期3个阶段，分别采取不同的饲养管理措施。

☞ 46. 后备鹅前期怎样进行饲养管理？

70日龄到90或100日龄为前期，晚熟品种还要长一些。后备种鹅是从仔鹅群中挑选出来的优良个体，有的甚至是从上市的肉用仔鹅当中选留下来的，往往不是来自同一鹅群，把它们合并成后备种鹅的新群后，由于彼此不熟悉，常常不合群，必须先通过调教让他们合群，这是管理上的一个重点。在饲养上，继续保持仔鹅阶段的吃饱喝足30天左右，一般除放牧外都要酌情补饲一些精料，以保证其迅速生长发育和第1次换羽的完成。如果是关棚饲养，则要求饲料足，喂料要定时、定料，每天喂3次。

☞ 47. 后备鹅中期怎样进行饲养管理？

中期从90日龄或100日龄开始，到150日龄左右结束，历时2个月左右。一般来说，从100日龄左右起公、母鹅就应该分开管理、饲养，这样既可适应各自的不同饲养管理要求，还可防止早熟的鹅滥交乱配。这一阶段首先应实行限制饲养，即只给维持饲料。这样既可控制后备母鹅不致产蛋过早，使开产期比较一致，又可锻炼其耐粗饲能力，降低饲料成本，其次要加强放牧，如牧草数量较多，可以不补饲；若牧草数量较少，可将每天喂料3次改为只喂2次，且定时、定料、定量。假如不实行限制饲养，性成熟较早的少数个体在5月龄左右即开始产蛋，但此时后备种鹅在生理上尚未发育完全，过早产的蛋比较小。就群体来讲开产期不一致，在饲养管理上也不方便。限制饲养要做到控制母鹅在换羽结束以后开始产蛋，所以中期用料要紧。

☞ 48. 后备鹅后期怎样进行饲养管理?

后期是从150日龄左右起到开产或配种,历时约1个月。这一阶段在管理上的重要工作之一是进行防疫接种,注射小鹅瘟疫苗。这种疫苗适用于种鹅,一般都在产蛋前注射,如在产蛋时注射,势必因鹅对疫苗有反应而影响产蛋。注射时,对疫苗以1∶100稀释,肌肉或皮下注射1 mL。一次注射后,整个产蛋季节都有效。母鹅在注射疫苗半个月后所产的蛋都可留着孵化,其内含有母源抗体,孵出的雏鹅已获得了被动免疫力。在饲养上要逐步放食,由粗变精,让鹅恢复体力,促进生殖器官的发育。这时的补饲,只定时,但不定料、不定量,做到饲料多样化,青饲料充足,增喂矿物质饲料,促进母鹅体态逐步丰满。然后再由精变粗,增加饲料的用量,让其自由采食,争取及早进入临产状态。临产母鹅全身羽毛紧贴,光泽鲜明,尤其颈羽显得光滑紧凑,尾羽与背羽平伸,后腹下垂,耻骨开张达3 cm以上,肛门平整呈菊花状,行动迟缓,食欲大增,喜食矿物质饲料,有求偶、衔草筑巢等表现。后备公鹅的精料补饲应提早进行,促进其提早换羽,以便在母鹅开产前已有充沛的体力和旺盛的食欲。后备种鹅后期的用料要精。后备种鹅羽毛已经丰满,抗寒抗雨能力均较强。起初,仍要坚持充分放牧,即使下雨也不中断。一方面可利用天然饲料资源,降低饲料成本;另一方面进一步锻炼鹅群体质,防止过肥,保持种用体况。但此时鹅群已近产蛋,体大,行动迟缓,故而放牧时不可急赶久赶。放牧至半饱时,鹅群采食速度减慢,有的已停止采食,这时应把鹅群赶入池塘或河溪,让其饮水、游泳、洗浴。鹅群经过一阵激烈运动后,就会自由自在地在水中慢游。至此,应尽快把鹅群赶回草地,继续放牧,吃饱后可让其适当休息。以后逐步减少放牧时间,并由野营渐渐转为回鹅舍休息,相应增加补饲数量。在补料时,要认真观察鹅的采食动作和食道的充容程度。凡健康、食欲旺盛的鹅,抢着吃,不挑食，一边采食，一边摆脖子往下咽，使食道迅速膨大增粗，并往右歪移，嘴即不停地往下压。凡食欲不振者，采食时抬头东张西望，含料不愿下咽或头不停地甩，这些鹅应及时挑出，隔离观察。补料如用混合料，宜与切碎的青饲料混合并加水少许，拌匀后湿喂。当然，如用混合精料与干草粉压制成的颗粒饲料则更好。在舍饲的条件下，最好给后备种鹅喂配合饲料。

☞ 49. 怎样选择肉种鹅?

所谓种鹅，是指母鹅开始产蛋，公鹅开始配种，用以繁殖后代的鹅。为了提高产蛋量和受精率，在后备种鹅转为种鹅时，要再进行一次严格的挑选，剔除和淘汰少数发育不良、体质瘦弱和配种能力不强的个体，并按照一定的公、母比例，留足种公鹅。挑选种公鹅时，除根据其祖先情况、本身的外貌体型、生长发育情况外，最主要的是检查其阴茎发育是否正常，性欲是否旺盛，精液品质是否优良。最好用人工采精的方法来鉴别后备公鹅，凡是优良的转入种公鹅群。种母鹅的选择，重点要放在与产蛋性能有关的特征和特性上。

☞ 50. 种鹅有什么样的生理特点?

种鹅的特点是:生长发育已经大体完成，对各种饲料的消化能力已很强，第2次换羽也已完成，生殖器官发育、成熟并进行繁殖。这一阶段，能量和养分的消耗主要花在繁殖上，因此饲养管理必须与产蛋或配种相适应。

☞ 51. 种母鹅的饲养管理可分为哪几个阶段?

种鹅饲养管理的目的，在于不断提高种鹅的繁殖性能，繁殖高产健壮的后代，为养鹅业提供生产性能高、体质健壮的雏鹅。按产蛋情况一般将种鹅的饲养管理分3期，即产蛋准备期、产蛋期和休产期。

☞ 52. 产蛋期母鹅的饲养管理应做好哪些工作?

开产母鹅的识别。母鹅经过产蛋前期的饲养,换羽完毕,身体逐渐恢复,陆续转入产蛋期。临产前母鹅表现为羽毛紧凑有光泽,尾羽平直,肛门呈菊花状,腹部饱满,松软而有弹性,耻骨间距离增宽,采食量增大,喜食矿物质饲料,母鹅有经常点头寻求配种的姿态,母鹅之间互相爬踏。开产母鹅有衔草做窝现象,说明即将开始产蛋。

产蛋期母鹅的饲养方式。饲养方式以舍饲为主,放牧为辅,实行科学饲养,提高母鹅的产蛋率。南方饲养的鹅种,一般每只母鹅产蛋 30~40 枚,高产者达 50~80 枚,而北方饲养的鹅种,一般每只母鹅产蛋 70~80 枚,高产者达 100 枚以上。为发挥母鹅的产蛋潜力,必须实行科学饲养,满足产蛋母鹅的营养需要。

产蛋母鹅的营养需要及配合饲料营养是决定母鹅产蛋率高低的重要因素。在产蛋鹅的日粮上,要充分考虑母鹅产蛋所需的营养,由于我国养鹅以粗放饲养为主,南方多以放牧为主,舍饲日粮仅仅是一种补充。目前各地对产蛋鹅的日粮配合及喂量,主要是根据当地的饲料资源和鹅在各生长阶段的营养要求因地制宜自行拟定的,在以舍饲为主的条件下,建议产蛋母鹅日粮营养水平为:代谢能 10.88~12.13 MJ/kg,粗蛋白 14%~16%,粗纤维5%~8%(不高于 10%),赖氨酸 0.8%,蛋氨酸 0.35%,胱氨酸 0.27%,钙 2.25%,磷 0.65%,食盐 0.5%。以下配方可供配产蛋期母鹅日粮参考应用。

配方一:玉米 52%,优质青干草粉 19%,豆饼 10%,花生饼 5%,棉仁饼 3%,芝麻粕 5%,骨粉 1.5%,贝壳粉 4.0%,食盐 0.5%。其营养成分为:代谢能 10.88 MJ/kg,粗蛋白 15.96%,钙 0.21%,磷 0.59%,赖氨酸 0.69%,蛋氨酸+胱氨酸 0.56%。

配方二：玉米33%，麸皮25%，豆饼11%，稻糠24%，鱼粉3%，骨粉1%，贝壳粉2%，食盐0.3%，微量元素和维生素0.7%。其营养成分为：代谢能11.38 MJ/kg，粗蛋白16%，钙2%，有效磷1%。

饲养方法。舍饲的产蛋母鹅饲喂方法，在我国农村的大多数家庭养鹅和专业养鹅户，通常采用定时不定量的自由采食喂饲法。要求饲料多样化，谷实类与粗糠的比例为2:1，每天晚上要多加些精料。大型鹅每只每天喂精料（谷实类）0.2～0.25 kg，小型鹅为0.15～0.2 kg，饲喂时，先喂青料，后喂精料，然后休息。第1次在早晨5～7时开始喂混合料，然后喂青饲料；第2次中午10～11时；第3次下午5～6时。在产蛋高峰时，要保证鹅吃好吃饱，供给充足、清洁的饮水。在产蛋后期，更要精心饲养，保证产蛋的营养需要，稍有疏忽，易造成产蛋停止而开始换羽。因此，可增加喂饲次数，加喂1～2次夜食，或任产蛋母鹅自由采食。产蛋母鹅要喂饲适量的青绿多汁饲料。国内外的养鹅生产实践和试验都证明，母鹅饲喂青绿多汁饲料对提高母鹅的繁殖性能有良好影响。另外，产蛋母鹅日粮中搭配适量的优质干草粉，也可以提高母鹅的繁殖性能。

产蛋鹅的放牧。鹅在产蛋期应有一定的放牧时间。在放牧中应使仔鹅能得到充分的阳光、水浴和交配，并觅食青绿饲料。对产蛋鹅的牧地，应着重考虑水源，选择清洁池塘或流动水面，水深1 m左右，便于鹅交配和洗澡。牧地应在水源附近，地势平坦，富有牧草，以便鹅只活动和采食。适当放牧和放水有利于提高产蛋量和受精率。放牧时间，一般应放在产蛋基本结束后进行，在上午7～8时出牧，这时大部分鹅已产蛋，个别有蛋未产的鹅可暂留鹅舍，待产完蛋后再出牧。上午应在11时左右回牧，下午4时左右出牧，晚8时左右回牧，力争每天让鹅能吃4～5个饱。放牧要防阳光曝晒使鹅中暑，也要防雷阵雨袭击或大雨淋。放牧与放水要有机结合。因为鹅有两个习惯,每吃一个饱后,鹅群会自动停止采食,就需放水,使鹅游泳和休息。另外公、母鹅交配习惯在水上进行,一般早上7~9时是鹅配种的最好时机,这时鹅只刚一出牧,就先进入水中游泳交配,交配后才上岸采食。采食一段时间,又进入水中,有的还要进行交配。在这段时间内,一只较好的公鹅能交配6~9次。下午5~6时,也是公、母鹅交配时间,这时一只公鹅能交配2~4次。

☞ 53. 怎样进行产蛋鹅的管理?

为鹅群创造一个良好的生活环境,精心管理,是保证鹅群高产、稳产的基本条件。鹅的生理特点是:羽绒丰满,绒羽含量较多;皮下有脂肪而无皮脂腺,只有发达的尾脂腺,散热困难,所以耐寒而不耐热,对高温反应敏感。夏季天气温度高,鹅停产,公鹅精子无活力;春节过后气温比较寒冷,鹅只陆续开产,公鹅精子活力较强,受精率也较高。母鹅产蛋的适宜温度是8~25℃,公鹅产壮精的适宜温度是10~25℃。所以,在管理产蛋鹅的过程中,应注意环境温度。

产蛋鹅的适宜光照时间。鹅对光照反应敏感,一定的光照时间对产蛋有影响。产蛋鹅的适宜光照时间一般为12~14 h。在适宜的环境温度条件下,给鹅增加光照可提高产蛋量。舍养产蛋鹅在日光不足时可补充电灯光源,光源强度2~3 W/m^2 较为适宜,每平方米面积安装一只40~60 W灯泡较好,灯与地面距离1.75 m左右为宜。补充光照应在开产前1个月开始较好,由少到多,直至达到适宜光照时间。但不同品种在不同季节所需光照不同,如我国南方的四季鹅,每个季度都产蛋,所以在每季所需光照也不一样。

☞ 54. 肉鹅需要的营养物质有哪些?

按照饲料的常规分析方法,可将饲料中的营养物质分为水分、蛋白质、碳水化合物、脂肪、矿物质和维生素等几个大类。这些营养物质对于维持肉鹅的生命活动、生长发育、产蛋和产肉各有不同的重要功能。只有当这些营养物质在数量、质量及比例上均能满足肉鹅的需要时,才能保持肉鹅身体的健康,发挥其最大的生产性能。饲料中的营养物质构成主要有水分、有机物、矿物质,其中有机物又包括蛋白质、糖类(碳水化合物)、脂肪、酶及维生素等。矿物质又叫灰分。

☞ 55. 蛋白质的功能有哪些?

肉鹅体内除水分外,蛋白质是含量最高的物质。蛋白质是肉鹅体组织的更新物质,机体在新陈代谢中有许多蛋白质被更新,并以尿素或尿酸的形式随尿排出体外。蛋白质还是肉鹅机体的调节物质,它提供了多种具有特殊生物学功能的物质,如催化和调节代谢的酶和激素,提高抗病力的免疫球蛋白和运输氧气的血红蛋白等等。蛋白质还是能量物质,它可以分解产生能量供体内的需要。蛋白质缺乏时,会造成肉雏鹅生长缓慢,肉种鹅体重逐渐下降、消瘦,产蛋率下降,蛋重降低或停止产蛋。同时,肉鹅的抗病力降低,影响肉鹅健康,会继发各种传染病,甚至引起死亡。同能量一样,饲料中的蛋白质要经过消化代谢后才能转化为肉鹅的产品,形成1 kg 仔鹅肉和肉鹅蛋中的蛋白质,分别需要品质良好的饲料蛋白质2~4 kg。蛋白质是一种复杂的有机化合物,氨基酸是蛋白质的基本组成单位,蛋白质的品质是由氨基酸的数量和种类所决定的。目前,已知饲料中的氨基酸种类有 22 种。在众多的氨基酸中,有一部分氨基酸在肉鹅体内能互相转化,肉鹅需要量较少,不一定要由饲料直接供给,称为非必需氨基酸。另一部分氨基酸则不能由其他氨基酸转化产生,或虽能产生但数量很少、速度太慢,不能满足需要,必须由饲料直接提供,称为必需氨基酸。肉鹅的必需氨基酸约有 10 种,即赖氨酸、蛋氨酸、色氨酸、苏氨酸、异亮氨酸、亮氨酸、苯丙氨酸、缬氨酸、精氨酸和组氨酸。饲料中蛋白质不仅要在数量上满足肉鹅的需要,而且各种必需氨基酸的比例也应与肉鹅的需要相符。否则蛋白质的营养价值就低,利用效率就差。如果饲料中某种必需氨基酸的比例特别低,与肉鹅的需要相差很大,它就会严重影响其他氨基酸的有效利用,这种氨基酸称为限制性氨基酸。通常按其在饲料中的缺乏程度,分别称为第一、第二限制性氨基酸,其余类推。常用肉鹅饲料中最容易成为限制性氨基酸的为蛋氨酸和赖氨酸,其中蛋氨酸为第一限制性氨基酸,赖氨酸为第二限制性氨基酸。配合饲料时,尤其应注意限制性氨基酸的供给和补充,以提高饲料蛋白质的营养价值。由于蛋氨酸在体内能转化为胱氨酸,饲料中如果含胱氨酸比较充足,便能以较少量的蛋氨酸满足肉鹅的需要,因此常用蛋氨酸+胱氨酸的总量来表示对这类氨基酸的需要。在通常情况下,成年肉鹅日粮粗蛋白质含量宜在15%左右,能提高产蛋性能和配种能力;肉雏鹅要再高一些,能提高生长速度。

☞ 56. 糖类物质(碳水化合物)的功能有哪些?

糖类是肉鹅体最重要的能量来源。肉鹅的一切生理活动过程,都需要消耗能量。能量的单位为焦耳、千焦耳或兆焦耳。由于饲料中所含总能量不能全部被肉鹅所利用,必须经过消化、吸收和代谢才能释放出对肉鹅有效的能量。因此,实践中常用代谢能作为制定肉鹅的能量需要和饲养标准的指标,代谢能等于总能量减去排泄出的粪能、尿能。不同肉鹅品种及不同生产阶段对代谢能的需要量各不相同。作为肉鹅的重要营养物质之一,碳水化合物在体内分解后,产生热量,以维持体温和供给生命活动所需要的能量,或者转变为糖原,贮存于肝脏和肌肉中,剩余的部分转化为脂肪贮积起来,使肉鹅长肥。当碳水化合物充足时,可以减少蛋白质的消耗,有利于肉鹅的正常生长和保持一定的生产性能;反之,肉鹅体就会分解蛋白质产生热量，以满足能量的需要，从而造成对蛋白质的浪费，影响肉鹅的生长和产蛋。当然，饲料中碳水化合物也不能过多，以免使肉鹅生长过肥，影响产蛋。碳水化合物广泛存在于植物性饲料中，动物性饲料中含量很少。碳水化合物可以分为无氮浸出物和粗纤维两类。无氮浸出物又称可溶性碳水化合物，包括淀粉和糖分，在谷实、块根、块茎中含量丰富，比较容易被消化吸收，营养价值较高，是肉鹅的热能和肥育的主要营养来源。粗纤维又称难溶性碳水化合物，其主要成分是纤维素、半纤维素和木质素，通常在秸秆和秕壳中含量最多，纤维素通过消化最后被分解成单糖（葡萄糖），供肉鹅吸收利用。碳水化合物中的粗纤维是较难消化吸收的，如日粮中粗纤维含量过高，会加快食物通过消化道的速度，也严重影响对其他营养物质的消化吸收，所以日粮中粗纤维的含量应有限制。但适量的粗纤维可以改善日粮结构，增加日粮体积，使肠道内容物有一定的空间，还可刺激胃肠蠕动，有利于酶的消化功能发挥，并可防止发生啄癖。一般认为，肉鹅消化粗纤维能力较强，消化率可达45%～50%，可供给肉鹅体内所需的一部分能量。肉鹅对粗纤维组分中的半纤维素消化能力强，而对纤维素尤其是木质素的消化能力有限。一般情况下，肉鹅的日粮中纤维素含量以5%～8%为宜，不宜高于10%。如果日粮中纤维素含量过低，不仅会影响肉鹅的胃肠蠕动，而且会妨碍饲料中各种营养成分的消化吸收。因而在成年肉鹅日粮中可适当配以粗糠、谷壳等含纤维较高的饲料。肉鹅对碳水化合物的需要量，根据年龄、用途和生产性能而定。一般来说，肥育期肉鹅和淘汰老肉鹅应加喂碳水化合物饲料，以加速肥育。肉雏鹅和留作种用的青年肉鹅，不宜喂给过多的高碳水化合物，以免过早肥育，影响正常生长和产蛋。

☞ 57. 脂肪的功能有哪些？

脂肪是肉鹅体细胞和蛋的重要组成原料，肌肉、皮肤、内脏、血液等一切体组织中都含有脂肪，脂肪在蛋内约占11.2%。脂肪产热量为等量碳水化合物或蛋白质的2.25倍，因此，它不仅是提供能量的原料，也是肉鹅体内贮存能量的最佳形式，肉鹅将剩余的脂肪和碳水化合物转化为体脂肪，贮存于皮下、肌肉、肠系膜间和肾的周围，能起保护内脏器官、防止体热散发的功能。在营养缺乏和产蛋时，脂肪分解产生热量，补充能量的需要。脂肪还是脂溶性维生素的溶剂，维生素A、维生素D、维生素E、维生素K都必须溶解于脂肪中，才能被肉鹅体吸收利用。当日粮中脂肪不足时，会影响脂溶性维生素的吸收，导致肉鹅生长迟缓，性成熟推迟，产蛋率下降。但日粮中脂肪过多，也会引起食欲不振，消化不良。由于一般饲料中都有一定数量的粗脂肪，而且碳水化合物也有一部分在体内转化为脂肪，因此，一般不会缺乏，不必专门给予补充，否则肉鹅过肥会影响产蛋。按生产肉鹅肥肝时，必须搭配适量的脂肪。需要指出的是，碳水化合物和脂肪都能为肉鹅体提供大量的代谢能。而生产实践中往往有对肉鹅的能量需要量重视不够的现象，尤其是忽视能量与蛋白质的比例及能量与其他营养素之间的相互关系。国内外大量的试验证明，肉鹅同其他家禽一样，具有择能而食的本能，即在一定范围内，肉鹅能根据日粮的能量浓度高低，调节和控制其采食量。当饲喂高能日粮时，采食量相对减少；而饲喂低能日粮时，采食量相应增多，由此而影响了肉鹅对蛋白质及其他各种营养物质的摄入量。因此，配制肉鹅日粮时，必须注意能量和蛋白质及其他营养物质的适宜比例。否则不仅影响营养物质的利用效率，甚至发生营养障碍。当然也必须考虑到，肉鹅的这种调节采食量以满足自身能量需要的能力是有一定限度的。如有试验证明，在使用每千克配合饲料能量水平低于10.1 MJ时，肉鹅的活重和生产性能就会下降得很快；高于11.7 MJ时，又会使肉鹅过肥并停止产蛋。显然，饲料的能量水平亦要适度。

☞ 58．矿物质的功能有哪些？

肉鹅体需要的矿物质有10多种，尽管其占机体的含量很少（3%～4%），且不是供能物质，但却是保证肉鹅体正常健康生长、繁殖和生产所不可缺少的营养物质。其主要存在于肉鹅的骨髓、组织和器官中，有调节渗透压、保持酸碱平衡和激活酶系统等功能，又是骨髓、蛋壳、血红蛋白、甲状腺素等的重要成分。如供给量不当或利用过程紊乱，则易发生不足或过多现象，出现缺乏症或中毒症。

☞ 59．什么是常量元素和微量元素？

通常把肉鹅体内含量在0.01%以上的矿物质元素称为常量元素，小于0.01%的称为微量元素。肉鹅需要的常量元素主要有钙、磷、氯、钠、镁、钾、硫；微量元素主要有铁、铜、锌、锰、碘、钴、硒等。

☞ 60．钙和磷的功能有哪些？

钙和磷是肉鹅骨髓和蛋壳的主要组成成分，也是肉鹅需要量最多的两种矿物质元素，钙主要存在于骨骼和蛋壳中，是形成骨骼和蛋壳所必需的，如缺钙会发生软骨症，成年母肉鹅产软壳蛋，产蛋量减少，甚至产无壳蛋。钙还有一小部分存在于血液和淋巴液中，对维持肌肉及神经的正常生理功能、促进血液凝固、维持正常的心脏活动和体内酸碱平衡都有重要功能。但钙过多也会影响肉雏鹅的生长和对锰、锌的吸收。肉雏鹅和青年鹅日粮中钙的需要量为0.6%～1.0%，肉种鹅2.5%～2.75%。日粮中钙的含量过多或过少，对肉鹅的健康、生长和产蛋都有不良影响。磷除与钙结合存在于骨组织外，对碳水化合物和脂肪的代谢以及维持机体的酸碱平衡也是必要的。肉鹅缺磷时，食欲减退，生长缓慢，严重时关节硬化，骨脆易碎。产蛋鹅需要磷多些，因为蛋壳和蛋黄中的卵磷脂、蛋黄磷蛋白中都含有磷。肉鹅日粮对有效磷的需要量，肉雏鹅为0.46%，产蛋鹅为0.5%。磷在饲料营养标准和日粮配方中有总磷和有效磷之分。肉鹅对饲料中磷的吸收利用率有很大出入，对于植物饲料来源的磷，吸收利用不好，大约只有30%可被利用；对于非植物来源的磷(动物磷、矿物磷)可视为100%有效。所以肉鹅的有效磷=非植物磷+植物磷×30%。维生素D能促进肉鹅对钙、磷的吸收。维生素D缺乏时，钙和磷虽然有一定数量和适当比例，但是产蛋鹅也会产软壳蛋，生长肉鹅也会引起软骨症。此外，饲料中的钙和磷(有效磷)必须按适当比例配合才能被肉鹅吸收、利用。一般肉雏鹅的钙与磷(有效磷)比例应为(1～2):1，产蛋鹅应为(4～5):1。钙在骨粉、蛋壳、贝壳、石粉中含量丰富，磷在骨粉、磷酸氢钙及谷物、糠麸中含量较多。因此在放牧条件下，一般不会缺钙，但应注意补饲些骨粉或谷物、糠麸等，以满足对磷的需要；相反，在舍饲条件下，一般不会缺磷，应注意补钙。

☞ 61. 氯和钠的功能有哪些?

氯和钠通常以食盐的方式供给。氯和钠存在于肉鹅的体液、软组织和蛋中。其主要功能是维持体内酸碱平衡；保持细胞与血液间渗透压的平衡；形成胃液和胃酸，促进消化酶的活动，帮助脂肪和蛋白质的消化；改进饲料的适口性，促进食欲，提高饲料利用率等。缺乏时，会引起肉鹅食欲不振，消化障碍，脂肪与蛋白质的合成受阻，肉雏鹅生长迟缓，发育不良，成年肉鹅体重减轻，产蛋率和蛋重下降，有神经症状，死亡率高。氯和钠在植物性饲料中含量少，动物性饲料中含量较多，但一般日粮中的含量不能满足肉鹅的需要，必须给予补充。肉鹅对食盐的需要量为日粮的0.3%～0.5%，喂多了会引起中毒。当肉雏鹅饮水中食盐含量达到0.7%时，就会出现生长停滞和死亡；产蛋鹅饮水中食盐的含量达1%

时,会导致产蛋量下降。因此,在肉鹅的日粮中添加食盐时,用量必须准确。特别要注意的是,鱼粉等海产资源也含有食盐。如果饲粮中补了食盐,又用鱼粉,总盐量达6%～8%(按饲粮干物质计算),饮水又不足,即可发生食盐中毒。但在肥肝肉鹅日粮中,食盐的含量可较高,以1%～1.6%为宜。试验表明,饲料中盐含量对增重有十分明显的功能,填喂较多的食盐(1.6%)能有效地提高肝重。

☞ 62. 镁的功能有哪些?

镁是骨骼的成分,酶的激活剂,有抑制神经兴奋性等功能。发生缺乏症的确切原因不明,有的认为日粮中正负离子失调,喂过量施用氯、钾肥的青饲料易发缺镁症。此外,日粮严重缺镁,含钙、磷过高也可发病。镁缺乏症的主要症状是:肌肉痉挛,步态蹒跚,神经过敏,生长受阻,肉种鹅产蛋量下降。镁的主要来源有:氧化镁、硫酸镁和碳酸镁等,青饲料、糠麸、饼粕含镁量丰富,但青饲料含镁量变化大,棉子饼、亚麻饼含镁特别丰富。常用饲料一般不缺镁,如过量食入钾会阻碍镁的吸收,食入过量钙、磷也会影响镁的利用。

☞ 63. 铁的功能有哪些?

铁在动物体内仅占0.004%左右,但在生理上起着重要功能。它是血红蛋白的组成成分,能使血液运输氧,且是多种辅酶的成分。铁缺乏症的主要症状是:食欲不振,生长不良,肉雏鹅发生细胞血红蛋白过少性贫血。缺铁鹅的羽毛生长不良。铁的主要来源有:硫酸亚铁、氯化铁、酒石酸铁、豆科植物、青饲料、肝粉、鱼粉等,但是肝粉、鱼粉的铁利用率较低。过量的铁具有毒性,当每千克日粮中含铁达到5 g时,就会引起中毒。日粮中含铁量过多时,可引起营养障碍,降低磷的吸收率,体重下降,还可使肉鹅出现佝偻病。

以放牧为主的肉鹅,能采食到含铁较多的青绿饲料,一般不会缺铁。但舍饲肉鹅,或不放牧青饲料季节的肉鹅,日粮中应补铁。

☞ 64. 锌的功能有哪些?

锌是许多酶不可缺少的成分。一般酶和激素的活动离不开锌。它能加速二氧化碳排出体外,促进胃酸、骨髓、蛋壳的形成,增强维生素的功能,提高机体对蛋白质、糖和脂肪的吸收,对肉鹅的生长发育、寿命的延长和繁殖性能有很大的影响。缺锌时,肉雏鹅生长缓慢,腿骨短粗,踝关节肿大,皮肤粗糙并起鳞片,羽毛生长受阻并易被磨损脱落,肉种鹅产蛋量和孵化率下降,胚胎发育不良,肉雏鹅残次率增加。锌的主要来源有:硫酸锌、氧化锌、碳酸锌,糠麸、饼粕、动物性饲料、酵母含锌量也很丰富。放牧青饲料的肉鹅一般不缺锌,但在不放牧青饲料的季节,日粮中须补锌。

☞ 65. 铜的功能有哪些?

铜参加血红蛋白的合成及某些氧化酶的合成和激活。肉雏鹅缺铜时可发生贫血,生长缓慢,羽毛褪色,生长异常,胃肠机能障碍,骨骼发育异常,跛行,骨脆易断,骨端软组织粗大等。但日粮中铜过多亦可引起肉雏鹅生长受阻,肌肉营养障碍,肌胃糜烂,甚至死亡。铜主要来源于硫酸铜、氯化铜、氧化铜等含铜化合物。

☞ 66. 锰的功能有哪些?

锰是多种酶的激活剂,与碳水化合物和脂肪的代谢有关,锰是骨髓生长和繁殖所必需的。缺锰时,肉雏鹅的踝关节明显肿大、畸形,腿骨粗短,胫骨远端和跖骨的近端扭转、弯曲;母鹅产蛋量减少,孵化率降低,薄壳蛋和软壳蛋增加。锰的来源有氧化锰、硫酸锰、氯化锰、碳酸锰,青粗饲料、糠麸含锰丰富,禾谷类子实特别是玉米含锰低,动物性饲料含锰极微。肉鹅以植物性饲料为主,通常不需要补锰。

☞ 67. 钴的功能有哪些?

钴主要存在于肝、脾和肾中,肌肉、血液中含量很少。钴是合成维生素 B_{12} 的主要元素,能促进血红素的形成,预防贫血病,提高饲料中氮的利用率,促进磷在骨髓中的蓄积;能加速肉雏鹅的生长发育,提高母鹅产蛋率、蛋的受精率及孵化率。

☞ 68. 硫的功能有哪些?

动物体内含硫约占 0.51%,大部分呈有机硫状态,以含硫氨基酸的形式存在于蛋白质中,以角蛋白的形式构成肉鹅的羽毛、爪、喙、跖、蹼的主要成分。肉鹅的羽毛中含硫量高达 2.3%～2.4%。硫参与碳水化合物代谢。当日粮中含硫氨基酸不足时,易引起啄羽癖。因家禽能较好地利用含硫氨基酸中的有机硫,故在日粮中搭配 1%～2.5% 的羽毛粉对预防啄羽癖有良好效果。此外,无机硫可合成含硫氨基酸,因此适当补饲无机硫即可满足需要。由于蛋氨酸是含硫氨基酸,并能在动物体内和胱氨酸进行互补,如果饲喂含硫蛋氨酸丰富的动物性蛋白质饲料,则无需补饲无机硫。

☞ 69. 碘的功能有哪些?

碘是甲状腺的组成成分。动物体内的碘大部分存在于甲状腺中。甲状腺素能提高蛋白质、糖和脂肪的利用率,促进肉雏鹅生长发育,对造血、循环、繁殖及抵抗传染病等都有显著影响。缺碘时,可引起甲状腺肿大,基础代谢和生活力下降,肉雏鹅生长受阻,羽毛生长不良,母鹅产蛋率、种蛋受精率和孵化率低,胚胎后期死亡多。碘的主要来源有碘化钾、碘酸钾和含碘食盐。海洋饲料和鱼粉中富含碘。沿海地区不缺碘,在某些山区常常缺碘,日粮中补碘效果非常明显。

☞ 70. 硒的功能有哪些?

硒过去被认为是有毒物质,近年来研究证明,土壤缺硒地区添加0.1 mg/kg硒可预防渗出性素质病和肌肉、肌胃、心肌的白肌病。硒是最容易缺乏的微量元素之一,我国东北等一些地区土壤中缺硒,出产的饲料(玉米)中也缺硒。硒缺乏时,肉鹅表现的症状是血管通透性差,心肌损伤,心包积水,心脏扩大。硒的补充方法是在饲料中按0.1 mg/kg添加亚硒酸钠。由于亚硒酸钠毒性很强,必须严格控制添加量。当添加量超过0.1 mg/kg时,人食用肉鹅肉、蛋后会有不良反应。如添加量超过5 mg/kg时,肉鹅生长受阻,羽毛蓬松,神经过敏,性成熟延迟,种蛋孵化后出现畸形胚胎。因此,添加亚硒酸钠必须严格掌握剂量,并与饲料彻底拌匀。硒的主要来源包括硒酸钠、亚硒酸钠、蛋氨酸硒和亚硒酸钠维生素E粉或注射液。

☞ 71. 维生素的功能有哪些?

维生素的主要功能是调节机体内各种生理机能的正常进行,参与体内各种物质的代谢。肉鹅对维生素的需要虽少,但它们对维持生命机能的正常进行、生长发育、产蛋量、受精率和孵化率均有重大影响。当维生素缺乏时,会引起相应的缺乏症,造成代谢紊乱,影响肉鹅的健康生长、产蛋及种蛋的孵化率,严重的可导致肉鹅死亡。

☞ 72. 什么是脂溶性和水溶性维生素?

肉鹅所需的维生素有14种,根据其特性,可分为脂溶性和水溶性两类。脂溶性维生素有维生素A、维生素D、维生素E、维生素K。水溶性维生素有维生素B_1、维生素B_2、泛酸、烟酸、维生素

B_6、胆碱、生物素、叶酸、维生素 B_{12}、维生素 C。肉鹅日粮中可不必提供维生素 C,因为肉鹅体内能自行合成。目前所用的各种饲料,除青饲料外,所含维生素不能满足肉鹅的需要,因此,养肉鹅场要保证青绿饲料的供给,或使用维生素添加剂来补充维生素的不足。肉鹅在应激因素(转群、拥挤、预防接种、高温、潮湿、运输等)的刺激下,对某些维生素的需要量也成倍增长,因此在实践中要根据具体情况来决定给予量。

☞ 73. 维生素 A 的功能有哪些?

维生素 A 能保持黏膜的正常功能,促进肉鹅的生长发育,保持眼黏膜和视力健康,增强对疾病的抵抗能力,提高产蛋率和孵化率。如缺乏维生素 A,初生肉雏鹅出现眼炎或失明,2 周龄内生长发育迟缓,3 周龄时体质衰弱,运动机能失调,羽毛蓬松。母鹅产蛋少,孵化率低,抗病力弱,易发生各种疾病。维生素 A 是最重要而易缺乏的维生素之一。发现缺乏维生素 A 的症状后,可按常用剂量的 4 倍补给维生素制剂。维生素 A 易被阳光、热、酸、氧化等因素破坏,要现配现用。青饲料、苜蓿草、胡萝卜等含有丰富维生素和胡萝卜素,经常饲喂这些饲料和特制的青贮料,能满足肉鹅对维生素 A 的需要。

☞ 74. 维生素 D 的功能有哪些?

维生素 D 与钙、磷代谢有关,是骨骼钙化和蛋壳形成所必需的营养素。肉雏鹅缺乏维生素 D,产生软骨症、腿骨弯曲。成年肉鹅缺乏维生素 D 时,蛋壳质量下降,产无壳蛋或软壳蛋。肉鹅体皮下、羽毛中的 7-脱氢胆固醇经紫外线照射后产生维生素 D_3,植物体中的麦角固醇经照射后产生维生素 D_2;长期舍饲的肉鹅缺少阳光照射时,有时会出现缺乏维生素 D,在饲养中应根据情况进行补充。另外,维生素 D_3 的效力比维生素 D_2 高 40 倍,鱼肝油中含

有丰富维生素 D_3,日晒的干草、青饲料中含有维生素 D_2。

☞ 75. 维生素 B_1(硫胺素)的功能有哪些?

维生素 B_1 是构成消化酶的主要成分,能防止神经失调和多发性神经炎。缺乏时,正常神经机能受到影响,食欲减退,羽毛松软无光泽,体重减轻;严重时腿、翅、颈发生痉挛,头向后背极度弯曲,呈观星姿势,瘫痪倒地不起。维生素 B_1 在糠麸、青饲料、胚芽、草粉、豆类、发酵饲料和酵母粉中含量丰富。它在酸性饲料中相当稳定,但遇热遇碱易被破坏。

☞ 76. 维生素 B_2(核黄素)的功能有哪些?

维生素 B_2 也对体内氧化还原、调节细胞呼吸起重要功能,能提高饲料的利用率,是 B 族维生素中最为重要的一种。维生素 B_2 不足时肉雏鹅生长不良,软腿,关节触地走路,趾向内侧卷曲;成年肉鹅产蛋少,蛋黄白,孵化率低。核黄素富含于青饲料、干草粉、酵母、鱼粉、小麦及糠麸中,禾谷类、豆类、块根茎饲料含量贫乏。平养肉鹅可从粪便中采食到一定数量的核黄素。

☞ 77. 泛酸(维生素 B_3)的功能有哪些?

泛酸是辅酶 A 的组成部分,与碳水化合物、脂肪和蛋白质代谢有关。缺乏泛酸时肉雏鹅生长受阻,羽毛粗糙,骨变短粗,随后出现皮炎、口角有局限性损伤。种蛋孵化率低。泛酸与核黄素的利用有关,一种缺乏时另一种需要量增加。维生素 B_3 很不稳定,与饲料混合时易受破坏,故常用泛酸钙作添加剂。糠麸、小麦、青饲料、花生饼、酵母中含泛酸较多,玉米中含量较低。

☞ 78. 维生素 B_5(尼克酸、烟酸)的功能有哪些?

维生素 B_5(尼克酸、烟酸)是抗癞皮病维生素。对碳水化合物、脂肪、蛋白质代谢起重要作用，同时为皮肤和消化道机能所必需，并有助于产生色氨酸。饲料中缺乏时，削弱机体新陈代谢，肉鹅发生黑舌病，特征性症状是舌头和口腔发炎，采食减少，肉雏鹅生长停滞，羽毛发育不良，生长不丰满，有时脚和皮肤呈现鳞状皮炎。成年肉鹅缺乏烟酸时，产蛋量和孵化率下降。烟酸在酵母、豆类、糠麸、青料、鱼粉中含量丰富，玉米、高粱和禾谷类子实中烟酸呈结合状态而很难利用。当出现可疑烟酸缺乏症时，每千克饲料中加 10 mg 烟酸，见效很快。

☞ 79. 维生素 B_6(吡哆醇)的功能有哪些?

维生素 B_6 有抗皮肤炎功能，与机体蛋白质代谢有关。日粮中缺乏时，肉鹅体内的多种生化反应遭受破坏，特别是氨基酸的代谢障碍，引起肉雏鹅食欲减退，生长不良，出现异常性兴奋，间接性痉挛等症状和皮炎、脱毛及毛囊出血；母鹅产蛋量与种蛋孵化率下降，体重减轻，生殖器官萎缩和第二性征衰退等病症。一般饲料原料如糠麸、苜蓿、干草粉和酵母等含量丰富，且又可在体内合成，故很少有缺乏现象。

☞ 80. 叶酸(维生素 B_{11})的功能有哪些?

叶酸对羽毛生长有促进功能，与维生素 B_{12} 共同参与核酸代谢和核蛋白的形成。缺乏时，雏鹅生长缓慢，羽毛生长不良，贫血，骨短粗，腿骨弯曲。叶酸在动植物饲料中含量都较丰富，因此，肉鹅常用日粮中一般不缺乏叶酸。但是在长期服用磺胺类药物时，常使叶酸利用率降低，这种情况下应添加叶酸。对严重贫血的肉雏鹅，可肌肉注射叶酸 50～100 mg，1 周内可恢复正常，口服效果较差。

☞ 81. 维生素 B_{12} 的功能有哪些?

维生素 B_{12} 参与核酸合成、甲基合成、碳水化合物代谢、脂肪代谢以及维持血液中谷胱甘肽,有助于提高造血功能,能提高日粮中蛋白质的利用率,对肉鹅的生长有显著的促进功能。缺乏时,肉雏鹅生长迟缓,贫血,饲料利用率降低,食欲不振,甚至死亡。肉种鹅产蛋量下降,蛋重减轻,孵化率降低。维生素 B_{12} 在肉骨粉、鱼粉、血粉、羽毛粉等动物性饲料中含量丰富。

☞ 82. 胆碱的功能有哪些?

胆碱是构成卵磷脂的成分,它能帮助血液里脂肪的转移,有节约蛋氨酸、促进生长、减少脂肪在肝脏内沉积的功能。缺乏时,肉雏鹅生长缓慢,发生腿关节肿大症,且易形成脂肪肝。种肉鹅产蛋率下降。鱼粉、饲料酵母和豆饼等胆碱含量丰富,米糠、麸皮、小麦等胆碱的含量也较多。但在以玉米为主配合日粮时,由于玉米含胆碱少,应注意添加。

☞ 83. 维生素 E 的功能有哪些?

维生素 E 有助于维持生殖器官的正常机能和肌肉的正常代谢功能。维生素 E 是一种有效的体内抗氧化剂,对肉鹅的消化道及机体组织中的维生素 A 等具有保护功能。饲料中维生素 E 缺乏或不足时,往往导致公鹅精子少,母鹅受精力差,受精蛋孵化率低,产蛋下降。肉雏鹅患脑软化症、渗出性素质病和白肌病。维生素 E 在麦芽、麦胚油、棉子油、花生油、大豆油中含量丰富,在青饲料、青干草中含量也多。添加维生素 E 可以促进肉雏鹅生长,提高种蛋孵化率。肉鹅处在逆境时对维生素 E 的需要量也增加。

☞ 84. 维生素 K 的功能有哪些?

维生素 K 的主要生理功能为参与凝血。因此,缺乏维生素 K 时,肉鹅凝血时间延长,导致大量出血,引起贫血症。维生素 K 有 4 种:K_1 在青饲料、大豆和动物肝脏中含量丰富;K_2 可在肉鹅肠道内合成;K_3 和 K_4 是人工合成,其活性比自然形成的大 1 倍,并可溶于水,常作为补充维生素的添加剂使用。当饲料中有磺胺类或抗生素时,易发生内出血,外伤时凝血时间延长或流血不止。

☞ 85. 维生素 C(抗坏血酸)的功能有哪些?

维生素 C 可增强机体免疫力,有促进肠内铁的吸收功能。对预防传染病、中毒、出血等有着重要的功能。缺乏时,肉鹅发生坏血病,生长停滞,体重减轻,关节变软,身体各部分出血,贫血。维生素 C 在青绿多汁饲料中含量丰富,且肉鹅体内具有合成维生素 C 的能力,一般情况下不会缺乏。但当肉鹅处于应激状态时,应增加日粮中维生素 C 的用量,以增强肉鹅的抵抗力。

☞ 86. 生物素(维生素 H)的功能有哪些?

生物素参与脂肪和蛋白质代谢,是几种酶系统的组成成分。在肝脏和肾脏中较多。一般饲料中生物素的含量比较丰富,性质稳定,消化道内合成充足,不易缺乏。当日粮中缺乏时,会发生皮炎,肉雏鹅生长缓慢,羽毛生长不良,种蛋孵化率低。对活体拔羽绒的肉鹅,要补充生物素,以有利于羽绒再生。

☞ 87. 水分的功能有哪些?

水是肉鹅体重要的组成部分,也是肉鹅生理活动不可缺少的重要物质,肉鹅缺水比缺食危害更大。肉鹅体内含水约为 70%,鹅肉中含水 77%,鹅蛋中含水 70.4%。肉鹅体内养分的吸收、运输、废物的排出、体温的调节等都要借助于水才能完成。此外,水还有维持肉鹅体的正常形态、润滑组织器官等重要功能。肉鹅如果饮水不足,会导致食欲下降、饲料的消化率和吸收率降低,仔鹅生长缓慢,鹅产蛋量减少,严重时可引起疾病甚至死亡。各种饲料都含有水分,青绿、多汁饲料含水已不少,但仍不能满足肉鹅体的需要。所以,在日常饲养管理中必须把水分作为重要的营养物质对待,经常供给清洁而充足的饮水。俗话说,“好草好水养肥鹅”,表明水对肉鹅的重要性。据测定,肉鹅吃 1 g 饲料要饮水 3.7 g,在气温 12～16℃时,肉鹅每天平均要饮 1 000 mL 水。由于肉鹅是水禽,一般都养在靠水的地方,在放牧中也常放水,故而不容易发生缺水现象。如果是集约化饲养,则要注意保证满足饮水需要。

☞ 88. 肉鹅的饲料有哪些?

按照饲料的营养特性,可将肉鹅的饲料分为青绿饲料、青贮饲料、粗饲料、能量饲料、蛋白质饲料、矿物质饲料、维生素饲料及添加剂饲料等 8 大类。

☞ 89. 什么是青绿饲料?

天然水分含量在 60% 以上的青绿饲料均属此类。青绿饲料具有养分比较全面,来源广泛,消化容易,成本低廉的优点,目前是肉鹅最主要、最优良、最经济的饲料,也是农村发展养肉鹅业最多见、用量最多的饲料。青绿饲料营养价值高,可以满足肉鹅的营养需要。在养肉仔鹅生产中,通常的精料与青绿饲料的重量比例为:肉雏鹅 1:1,仔鹅 1:1.5,成年鹅 1:2。青绿饲料种类极多,且都是植物性饲料,富含叶绿素。主要包括天然牧草、栽培牧草、蔬菜类饲料、作物茎叶、水生饲料、青绿树叶、野生青绿饲料等。

☞ 90. 青绿饲料的特点有哪些?

其特点是含水量高,能量低。一般水分含量在 75%～90%,每千克仅含代谢能 1 255.2～2 928.8 kJ。粗蛋白质含量高,一般占干物质重的 10%～20%,而且粗蛋白质品质极好,含必需氨基酸比较全面,生物学价值高;维生素,尤其是胡萝卜素含量丰富,每千克可含 50～60 mg,高于其他饲料;钙、钾等碱性元素含量丰富,豆科牧草含钙元素更多;粗纤维含量少,幼嫩多汁,适口性好,消化率高,肉鹅极喜欢,是放牧季节肉鹅的良好饲料。但相对而言,肉鹅对禾本科牧草中的黑麦草等比豆科牧草中的三叶草和紫云英、苜蓿等更为喜欢。如舍饲时加喂青绿饲料,则可提高日粮的利用率,节省精料,并能防止因饲料单一而造成的营养不全。

☞ 91. 饲喂青绿饲料时应注意哪些问题?

实践证明,无论是放牧还是采集野生青绿饲料或是人工栽培的青绿饲料养肉鹅时,都应注意以下几点:①青绿饲料要现采现喂,不可堆积或用喂剩的青草浆,以防产生亚硝酸盐中毒。②放牧或采集青绿饲料时,要了解青绿饲料的特性,有毒的和刚喷过农药的菜地、草地或牧草要严禁采集和放牧,以防中毒。③含草酸多的青绿饲料,如菠菜、糖菜叶等不可多喂,以防引起肉雏鹅佝偻病或瘫痪及母肉鹅产薄壳蛋和软壳蛋。④某些含皂素多的豆科牧草喂量不宜过多。如有些苜蓿草品种皂素含量高达2%,过多的皂素会抑制肉雏鹅的生长。所以,不宜单纯放牧苜蓿草或以青苜蓿作为惟一的青绿饲料喂肉鹅,而应与禾本科的青草合理搭配进行饲喂。

☞ 92. 什么是干粗饲料?

粗饲料是指粗纤维在18%以上的饲料,主要包括干草类、秸秆类、秕壳类、树叶类等。粗饲料来源广泛,成本低廉,但粗纤维含量高,不容易消化,蛋白质、维生素含量低,营养价值低。且容积大,适口性差,鸡、鸭采食量有限,养鸡、养鸭一般不用。如经加工处理,养肉鹅还可利用一部分。尤其是其中的优质干草在粉碎以后,如豆科干草粉,仍是较好的饲料,是肉鹅冬季粗蛋白质、维生素以及钙的重要来源。由于粗纤维是难以消化的部分,因此其含量要适当控制,一般不易超过10%。干草粉在日粮中的添加比例,通常为20%左右,既能降低饲料成本,又不影响肉鹅对其他养分的消化吸收。粗饲料宜粉碎后饲喂,并注意与其他饲料搭配。粗饲料也要防止腐烂发霉、混入杂质。

☞ 93. 什么是能量饲料?

能量饲料是指饲料中粗纤维含量低于18%、粗蛋白低于20%的饲料。主要包括谷类子实及其加工副产品和根茎瓜类饲料两大类。这类饲料是养肉鹅生产中的主要精料,在日粮组成中占50%~70%,适口性好,易消化,能值高,是肉鹅能量的主要来源。

☞ 94. 能量饲料有哪些?

玉米　玉米是养肉仔鹅生产中最主要,也是应用最广泛的能量饲料。其优点是含能量最高,代谢能达13.39 MJ/kg,粗纤维少,适口性强,消化率高,是肉鹅的优良饲料。缺点是含粗蛋白低,缺乏赖氨酸和色氨酸。黄色玉米和白色玉米在蛋白、能量价值上无多大差异,但黄玉米含胡萝卜素较多,可作为维生素A的部分来源,还含有较多的叶黄素,可加深肉鹅的皮肤、腿部和蛋黄的颜色,满足消费者的爱好。据报道,国内外近年来已培育出高赖氨酸玉米品种。一般情况下,玉米用量可占到肉鹅日粮的30%~65%。

大麦　大麦每千克饲料代谢能达11.09 MJ,粗蛋白含量12%~13%,维生素B族含量丰富。大麦的适口性也好,但它的皮壳粗硬,含粗纤维较高,达8%左右,不易消化,宜破碎或发芽后饲喂。用量一般占日粮的10%~30%。

小麦　小麦营养价值高,适口性好,含粗蛋白10%~12%,氨基酸组成优于玉米和大米。缺点是缺乏维生素A和维生素D,黏性大,粉料中用量过大粘嘴降低适口性。目前在我国,小麦主要作为人类食品,用其喂肉鹅,不太经济。如在肉鹅的配合饲料中使用小麦,一般用量为10%~30%。

稻谷　稻谷的适口性好,但代谢能低,粗纤维较高,是我国水稻产区常用的养肉鹅饲料,在日粮中可占10%~50%。碎米是稻谷加工大米筛选出来的碎粒,粗纤维含量低,易于消化,也是农村养肉鹅常用的饲料。用量可占日粮的30%~50%。

米糠　米糠是稻谷加工的副产品,分普通米糠和脱脂米糠。米糠的油脂含量高达15%,且大多数为不饱和脂肪酸,易酸败,久贮容易变质,故应饲喂鲜米糠。也可在米糠中加入抗氧化剂或将米糠脱脂成糠饼使用。此外,米糠含纤维素较高,使用量不宜太多。一般在肉鹅日粮中的用量为5%~10%。

麸皮　是小麦加工的副产品,粗蛋白含量较高,适口性好,但能量低,粗纤维含量高,容积大,且有轻泻功能。用量不宜过大,一般可占日粮的5%~15%。

次粉　又称四号粉,是面粉工业加工副产品。营养价值高,适口性好。但和小麦相同,多喂时也会产生粘嘴现象,制作颗粒料时则无此问题。一般可占日粮的10%~20%。

根茎类植物　用做饲料的根茎瓜类饲料主要有马铃薯、甘薯、南瓜、胡萝卜、甜菜等。含有较多的碳水化合物和水分,适口性好,产量高,是养肉鹅的优良饲料。这类饲料的特点是水分含量高,可达75%~90%,但按干物质计算,其能量高,而且含有较多的糖分,胡萝卜和甘薯等还含有丰富的胡萝卜素。由于这类饲料水分含量高,多喂会影响肉鹅对干物质的摄入量,从而影响生产力。

☞ 95. 植物性蛋白质饲料有哪些?

豆饼(粕)　豆饼是大豆压榨提油后的副产品,而采用浸提法提油后的加工副产品则称为豆粕。豆饼(粕)含粗蛋白在42%~46%,含赖氨酸丰富,是我国养肉鹅业普遍应用的优良植物性蛋白质饲料。缺点是蛋氨酸和胱氨酸含量不足。试验证明,用豆饼(粕)添加一定量的合成蛋氨酸,可以代替部分动物性蛋白质饲料。

此外应注意，豆饼(粕)中含有抗膜蛋白酶等有害物质，因此使用前最好经适当的热处理。目前国内一般多用110℃热处理3 min。其用量可占肉鹅日粮的10%～25%。

菜子饼(粕)　菜子饼(粕)是菜子榨油后的副产品，作为重要的蛋白质饲料来源，菜子饼(粕)粗蛋白含量达37%左右，但能值偏低，营养价值不如豆饼(粕)。菜子饼(粕)含有芥子硫苷等毒素，过多饲喂会损害肉鹅的甲状腺、肝、肾，严重时中毒死亡。此外，菜子饼(粕)有辛辣味，适口性不好，因此饲喂时最好应经过浸泡加热，或采用专门解毒剂进行脱毒处理。在肉鹅的日粮中其用量一般应控制在5%～8%。

棉子饼(粕)　棉子饼(粕)含粗蛋白32%～37%，但注意棉子饼(粕)含有棉酚等有毒物质，对肉鹅的体组织和代谢有破坏功能，过多饲喂易引起中毒。其用量一般可占肉鹅日粮的5%～8%。可采用长时间蒸煮或0.05% $FeSO_4$ 溶液浸泡去毒等方法，以减少棉酚对肉鹅的毒害功能。

花生饼　花生饼是花生榨油后的副产品，含脂肪高，在温暖而潮湿的地方容易腐败变质，产生剧毒的黄曲霉毒素，因此不宜久存。用量占日粮的5%～10%。

亚麻子饼(胡麻子饼)　亚麻子饼蛋白质含量在29.1%～38.2%，高的可达40%以上，但赖氨酸仅为豆饼的1/3。含有丰富的维生素，尤以胆碱含量为多，而维生素D和维生素E很少。此外，它含有较多的果胶物质，为遇水膨胀而能滋润肠壁的黏性液体，是肉雏鹅、弱鹅、病鹅的良好饲料。亚麻子饼虽含有毒素，但在日粮中搭配10%左右不会发生中毒，最好与含赖氨酸多的饲料搭配在一起喂鹅，以补充其赖氨酸低的缺陷。

☞ 96. 动物性蛋白质饲料有哪些?

鱼粉　鱼粉是肉鹅的优良蛋白质饲料。优质鱼粉粗蛋白含量应在50%以上,含有肉鹅所需要的各种必需氨基酸,尤其是富含赖氨酸和蛋氨酸,且消化率高。鱼粉的代谢能值也高,达12.12 MJ/kg。鱼粉在肉鹅饲粮中的用量一般为2%~8%。此外,还含有各种维生素、矿物质和未知生长因子,是肉鹅生长、繁殖最理想的动物性蛋白质饲料。鱼粉有淡鱼粉和咸鱼粉之分,淡鱼粉质量好,食盐少(2.5%~4%);咸鱼粉含盐量高,用量应视其含盐量而定,不能盲目使用,若用量过多,盐分超过肉鹅的饲养标准规定量,极易造成食盐中毒。

血粉　血粉是屠宰场的另一种下脚料。蛋白质的含量很高,为80%~82%,但血粉加工所需的高温易使蛋白质的消化率降低,赖氨酸受到破坏。且血粉有特殊的臭味,适口性差,用量不宜过多,可占日粮的2%~5%。

蚕蛹粉　蚕蛹粉是蚕蛹经晒干或烘干加工制成的,蛋白含量高,用量可占日粮的5%~10%。

羽毛粉　羽毛粉由禽类的羽毛经高压蒸煮、干燥粉碎而成,粗蛋白含量在85%~90%,与其他动物性蛋白质饲料共用时,可补充日粮中的蛋白质,用量可占日粮的3%~5%。酵母饲料是在一些饲料中接种专门的菌株发酵而成,既含有较多的能量和蛋白质,又含有丰富的B族维生素和其他活性物质,且蛋白质消化率高,能提高饲料的适口性及营养价值,对肉雏鹅生长和肉种鹅产蛋均有较好作用。一般在日粮中可加入2%~4%。

☞ 97. 矿物质饲料有哪些?

肉鹅的生长发育、机体的新陈代谢需要钙、磷、钾、钠、硫等多种矿物元素,上述青绿饲料、能量饲料、蛋白质饲料中虽均含有矿物质,但含量远不能满足生长和产蛋的需要,因此在肉鹅日粮中常常需要专门加入石粉、贝壳粉、骨粉、食盐、沙砾等矿物质饲料。

石粉　石粉是磨碎的石灰石,含钙达38%。有石灰石的地方,可以就地取材,经济实用。一般用量可占日粮的1%~7%。

贝壳粉　贝壳粉是蚌、蛤、螺蛳等外壳磨碎制成,含钙29%左右,是日粮中钙的主要来源。用量可占日粮的2%~7%。

骨粉　骨粉是动物骨头经加热去油脂磨碎而成,骨粉含钙29%、磷15%,是很好的矿物质饲料。用量可占日粮的1%~2%。

磷酸氢钙、磷酸钙　磷酸氢钙、磷酸钙是补充磷和钙的矿物质饲料,磷矿石含氟量高,使用前应作脱氟处理。磷酸氢钙或磷酸钙在日粮中可占1%~2%。

蛋壳粉　蛋壳含钙24.4%~26.5%,粗蛋白12.42%。用蛋壳制粉喂肉鹅时要注意消毒,以免感染传染病。

食盐　食盐是肉鹅必需的矿物质饲料,能同时补充钠和氯,一般用量占日粮的0.3%左右,最高不得超过0.5%。饲料中若有鱼粉,应将鱼粉中的含盐量计算在内。另外,生产肉鹅肥肝时,日粮中食盐含量以1.0%~1.6%为宜。

沙砾　沙砾并没有营养功能,但补充沙砾有助于肉鹅的肌胃磨碎饲料,提高消化率。放牧肉鹅群随时可以吃到沙砾,而舍饲的肉鹅则应加以补充。舍饲的肉鹅如长期缺乏沙砾,就容易造成积食或消化不良,采食量减少,影响生长和产蛋。因此,应定期在饲料中适当拌入一些沙砾,或者在肉鹅舍内放置沙砾盆,让肉鹅自由采食。一般在日粮中可添加0.5%~1%,粒度似绿豆大小为宜。

☞ 98. 维生素饲料有哪些?

在放牧条件下,青绿多汁饲料能满足肉鹅对维生素的需要。在舍饲时则必须补充维生素,其方法是补充维生素饲料添加剂,或饲喂富含维生素的饲料。如不使用专门的维生素饲料添加剂,则青绿饲料、块根茎类饲料和干草粉可作为主要的维生素来源。在目前的饲养条件下,如果能将含各种维生素较多的维生素饲料很好地调剂和搭配使用,便可基本满足肉鹅对维生素的需要。青菜、白菜、通心菜、甘蓝及其他各种菜叶、无毒的野菜等均为良好的维生素饲料。青嫩时期刈割的牧草、曲麻菜和树叶等维生素的含量也很丰富。用量可占精料的30%～50%。某些干草粉、松针粉、槐树叶粉等也可作为肉鹅良好的维生素饲料。此外,常用的维生素饲料还有水草和青贮饲料。水草喂量可占精料的50%以上,适于喂青年肉鹅和肉种鹅。以去根、打浆后的水葫芦喂饲效果较好,另外水花生、水浮莲也可喂鹅。青贮饲料则可于每年秋季大量贮制,适口性好,为冬季良好的维生素饲料。

☞ 99. 什么是饲料添加剂?

饲料添加剂是指加入配合饲料中的微量的附加物质(或成分),如各种氨基酸、微量元素、维生素、抗生素、激素、抗菌药物、抗氧化剂、防霉剂、着色剂、调味剂等。它们在配合饲料中的添加量仅为千分之几或万分之几,但功能很大。其主要功能包括补充饲料的营养成分,完善日粮的全价性,提高饲料利用率,防止饲料质量下降,促进畜禽食欲和正常生长发育及生产,防治各种疾病,减少贮存期营养物质的损失,缓解毒性以及改进畜产品品质等。合理使用饲料添加剂,可以明显地提高肉鹅的生产性能,提高饲料的转化效率,改善肉鹅产品的品质,从而提高养肉鹅的经济效益。

☞ 100. 营养性物质添加剂有哪些?

营养性添加剂主要用于平衡肉鹅日粮养分,以增强和补充日粮的营养为目的,故又称强化剂。其主要有以下几种:

(1)氨基酸添加剂。主要有赖氨酸添加剂和蛋氨酸添加剂。赖氨酸是限制性氨基酸之一,饲料中缺乏赖氨酸会导致肉鹅食欲减退,体重下降,生长停滞,产蛋率降低。蛋氨酸也是限制性氨基酸,适量添加可提高产蛋率,降低饲料消耗,提高饲料报酬,尤其是在饲料中蛋白质含量较低的条件下,效果更明显。

(2)微量元素添加剂。肉鹅除了补喂钙、磷等常量元素外,还需要补充一些微量元素,如铁、铜、锌、锰、钴、碘、硒等。在日常的配合饲料中添加一定量的矿物质微量元素添加剂,即可满足肉鹅对各种微量元素的需要。作为微量元素添加剂的各种试剂,最好选择硫酸盐,因为硫酸盐可以促进蛋氨酸的利用,减少对蛋氨酸的需要量。

(3)维生素添加剂。维生素添加剂种类很多,有的只含有少数几种脂溶性维生素,如维生素 A、维生素 D、维生素 E、维生素 K,有的是含有多种维生素的复合维生素,可根据需要选择使用。一般用量是每 100 kg 日粮中添加 10 g 左右。

☞ 101. 非营养性物质添加剂有哪些?

这类添加剂不是肉鹅必需的营养物质,但添加到饲料中可以产生各种良好的效果,有的可以预防疾病,促进生长和食欲,有的可以提高产品质量或延长饲料的保质期限等,可根据不同的用途选择使用。主要有以下几种。

(1)保健促生长剂。某些药物在用量适当时有预防疾病、促进生长的功能,主要是一些抗生素、高剂量铜和其他人工合成的化合物。常用的有土霉素、泰乐菌素、杆菌肽锌、硫酸粘杆菌素、硫酸铜、喹乙醇等。有些药物能抑制或杀灭球虫或其他体内寄生虫,因而也能促进健康和生长,如盐霉素、氯苯胍等。还有一些含大量乳酸菌、双歧杆菌和其他有益细菌的产品,统称益生素,可以抑制肠道有害细菌的繁殖,预防下痢腹泻病,提高肉鹅的抗病能力。此外,某些激素也有促进生长的功能,但使用不当会产生副作用。很多中草药也有保健、杀虫和促进生长的功能。

(2)食欲增进剂、酶制剂。在饲料中添加某些香料或其他成分,可以提高食欲,促进采食。添加酶制剂可促进营养物质的消化,促进生长,提高饲料的转化效率。

(3)着色剂。有些添加剂,如柠檬黄、虾青素、辣椒红等,可使肉鹅的皮肤变深,蛋黄变红,在市场上深受消费者的喜爱。

(4)抗氧化剂、防霉剂、饲料保鲜剂。饲料在贮运过程中,容易氧化变质甚至发霉,在饲料中加入抗氧化剂和防霉剂可以延缓这类不良的变化。常用的抗氧化剂有乙氧喹、丁基化羟基甲苯和丁基化羟基甲氧基苯等;防霉剂有丙酸钙、山梨酸、苯甲酸等。需要注意的是,各类饲料添加剂的用量极少,必须在日粮中混合均匀。否则易发生营养缺乏症,或因采食过量而中毒。此外,维生素、酶制剂、益生素等添加剂在光线、空气中很容易失效,如受潮受热则破坏更快。因此,添加剂预混料应存放在干燥、阴凉、避光处,且开包后尽快用完,贮存时间不能过长。

☞ 102. 什么是肉鹅的饲养标准?

随着饲养科学的发展,根据生产实践中积累的经验,结合消化、代谢、饲养及其他试验,科学地规定了各种畜禽在不同体重、不同生理状态和不同生产水平下,每头每天应该给予肉鹅的能量和各种营养物质的数量,这种规定的标准称饲养标准。饲养标准在组成上包括两个主要部分,即营养需要量和供给量,肉鹅常用饲料的营养价值表,多采用表格形式,便于生产实践中参考应用。目前,现代畜牧业发达国家都制定有本国的各种畜禽的饲养标准,用于科学饲养,指导生产,提高产品率,降低饲料消耗,节省成本,取得最佳的经济效益。

☞ 103. 什么是肉鹅的日粮配合?

肉鹅的日粮配合又称每天食用饲料的成分搭配,是按照肉鹅饲养标准的规定,选用适当的饲料配合成为日粮,使这种由多种饲料搭配成的日粮所含营养物质的数量,符合饲养标准的规定量,其目的是以最少的饲料消耗、最低的饲料成本,获得量多质好、经济效益最高的肉鹅产品。

☞ 104．日粮配合有什么意义？

目前我国农村养肉鹅，在饲养上一般不是根据肉鹅各个阶段的生长发育、长肉等方面对各种营养物质需要来组合各种日粮，而是仅饲喂单一饲料，结果不仅浪费饲料，影响肉鹅正常生长发育，而且影响其生产性能的发挥。如育雏阶段，由于肉雏鹅生长强度很大，需要较高水平的蛋白质日粮，但习惯上却采用小米、大米或是小麦和玉米等肥育用的各类饲料而导致肉雏鹅生长发育受阻。又如肉仔鹅需要较高的蛋白质水平日粮，可是由于日粮单一，蛋白质含量太低，不能发挥其产肉性能。若在日粮中适当增加一部分蛋白质饲料，如豆饼、鱼粉等，并搭配一部分谷类饲料，提高日粮中蛋白质水平，即可使饲料配合多样化，使单一饲料可能缺乏的某些营养物质得到弥补。此外，还要补充矿物质饲料。青绿饲料缺乏时，还应增补多种维生素。在日粮营养全面的饲养条件下，肉雏鹅生长速度加快，使体重能及时达到上市标准。这样既缩短了饲养时间，又节省了饲料，降低了饲养成本。因此，科学配合日粮是提高饲养肉仔鹅生产效益的有效方法和根本保证。

☞ 105．日粮配合的基本原则是什么？

日粮配合是肉仔鹅生产实践中的一个重要环节。日粮配合是否合理，直接影响到肉仔鹅生产性能的发挥以及生产的经济效益。配合过程中应注意以下基本原则：

(1)参照并灵活应用饲养标准，制定各类肉鹅的最适宜营养需要量。饲养标准是实行科学养肉鹅的基本依据，但在实际应用时，应结合当地肉鹅的品种、性别、地区环境条件、饲料条件、生产性能等具体情况灵活调整，适当增减，制定出最适宜的营养需要量。最后再通过实际饲喂，根据饲喂效果进行调整。

(2)选用符合当地实际的肉鹅饲料营养成分表,正确地估测饲料的营养价值,对用量较大而又重要的饲料最好实测。

(3)选择饲料时,应考虑经济原则,尽量选用营养丰富、价格低廉、来源方便的饲料进行配合,注意因地制宜,因时制宜,尽可能发挥当地饲料资源优势。如在满足各主要营养物质需要的前提条件下,尽量采用价廉和来源可靠、易得的青绿饲料,以降低成本和保持配合饲料质量的稳定。也可用一部分甘薯、南瓜、马铃薯等代替一部分谷实类饲料,以降低饲养成本。

(4)注意日粮的品质和适口性,忌用有刺激性异味、霉变或含有其他有害物质的原料配制饲料。影响饲料的适口性有两个方面:一方面是饲料本身的原因,如高粱含有单宁,喂量过多会影响采食量,因此,以占日粮的5%～10%为宜。另一方面是加工造成的,如压制成颗粒料可提高适口性,而喂的粉料磨得太细,肉鹅吃起来发粘,会降低适口性。因此,粉料不可磨得太细,各种饲料的粒度应基本一致,以免肉鹅挑剔。肉种鹅一般不喂颗粒料,而采用青绿饲料和精料拌匀后饲喂,这样不仅可增加饲料的适口性,还可降低饲料成本。

(5)在可能的条件下,选用的饲料种类应尽量多样化,促使营养物质的互补和平衡,提高整个日粮的营养价值和利用率。饲料品种多还可改善饲料的适口性,增加肉鹅的采食量,能保证肉鹅群稳产增产。

(6)考虑肉鹅的消化生理特点,合理配料。如肉鹅是食草动物,能够利用一定量的粗饲料,要保持日粮中有一定的粗纤维。一般粗纤维在肉鹅日粮中应占5%～8%。粗纤维含量低时会引起肉鹅消化不良、啄羽等。当然,日粮的粗纤维含量也不能过高,一般不宜超过10%,否则会降低饲料的消化率和营养价值。

(7)日粮要保持相对稳定,如确需改变时,应逐渐更换,最好有1周的过渡期,以免影响食欲,降低生产性能。尤其是对产蛋期母肉鹅,更要注意饲料的相对稳定。

☞ 106. 肉鹅日粮配合采取什么样的方法?

按照饲养标准配制日粮时,由于目前我国供给肉鹅的饲料种类还较少,所以一般生产单位多采用简单易行的试差法。尽管目前饲养标准越来越精细,各种营养指标越来越多,但在未采用电子计算机配合日粮前,主要满足的营养指标是不多的,试差法是比较简便而实用的配合日粮方法之一。此外还有对角线法、公式法等。

☞ 107. 什么是日粮配合的试差法?

所谓试差法,即根据饲养标准,结合肉鹅的品种、年龄、生产性能、当地气候及以往的生产经验,先粗放地配合,然后计算其中的各种养分,并与所制定的营养标准比较,对过多或不足的养分进行调整,直至符合要求为止。由于所规定的营养指标较多,为了便于配合,通常先计算平衡日粮的能量和粗蛋白两项指标,待上述两项指标平衡时,再依次考虑钙、磷、赖氨酸、蛋氨酸指标的平衡。食盐、微量元素及维生素可放在最后定量添加。现以配制产蛋期种肉鹅日粮为例,说明试差法的具体运用。基本原料有玉米、豆饼、菜子饼、进口鱼粉、麸皮、骨粉、石粉与食盐,其日粮配制的程序如下:

第一步:参照肉鹅的饲养标准,结合当地实际,拟订产蛋期种肉鹅的各种营养需要量,查出所用原料的营养成分,见表2。

第二步:初步确定所用原料的比例。根据经验,设日粮中各原料分别占如下比例:鱼粉5%、菜子饼5%、麸皮10%、玉米55%、豆饼17%、食盐与矿物质8%。

第三步:将5%菜子饼、5%鱼粉和10%麸皮,分别用各自的百分比乘以各自饲料中的营养含量。如鱼粉的用量为5%,每千克鱼粉中含代谢能12.133 6 MJ,则5%鱼粉中含代谢能0.606 68 MJ(12.133 6×5%)。其余依此类推,见表3。

表 2　产蛋期肉种鹅的营养需要量及饲料营养成分　　%

项　目	代谢能（MJ/kg）	粗蛋白	钙	磷	赖氨酸	蛋氨酸+胱氨酸
产蛋期肉种鹅营养需要	11.385	16.5	3.5	0.6	0.66	0.99
玉米	14.060	8.6	0.04	0.21	0.27	0.31
豆粕	11.046	43.0	0.32	0.50	2.45	1.08
菜子饼	8.452	36.4	0.73	0.95	1.23	1.22
进口鱼粉	12.134	62.0	3.91	2.90	4.35	2.21
麸皮	6.562	14.4	0.18	0.78	0.47	0.48
骨粉	—	—	36.41	6.4	—	—
石粉	—	—	35.0	—	—	—

表 3　3 种饲料营养成分计算值　　%

项　目	比例代谢能（MJ/kg）	粗蛋白	钙	磷	赖氨酸	蛋氨酸+胱氨酸
菜子饼	50.422	51.82	0.037	0.048	0.061 5	0.061
鱼粉	50.606	63.10	0.196	0.145	0.217 5	0.110 5
麸皮	一 100.656 8	14.44	0.018	0.078	0.047	0.048
合计	201.686	16.36	0.251	0.271	0.326	0.219 5

第四步:计算豆饼和玉米的用量。

上述 3 种饲料加上矿物质饲料共占 28%,其中含蛋白质 6.36%,代谢能 1.686 MJ,不足部分用余下的 72%玉米与豆饼补充。现在初步定玉米 55%,豆饼 17%,经计算这两种饲料中含代谢能为 9.606 MJ,蛋白质 12.04%。与前面 3 种饲料相加,得代谢能 11.292 MJ,粗蛋白 18.4%。与营养需要对照后发现代谢能低 0.213 MJ,而蛋白质高 1.9%。从饲料营养成分表中看出,豆饼的蛋白质含量达 43%,能量为 11.045 MJ/kg,而玉米的蛋白质含量只有 8.6%,豆饼的蛋白质相应减少 0.344%。现在蛋白质比标准高 1.9%,要达到要求,可用 1.9/0.344 与 5(%)的玉米代替豆饼。

这时,玉米占60%,豆饼占12%,再经计算得:代谢能11.464 MJ/kg,粗蛋白16.68%,已基本符合营养需要。接着计算其他成分,见表4。

表4 营养成分计算值 %

项目	比例代谢能(MJ/kg)	粗蛋白	钙	磷	赖氨酸	蛋氨酸+胱氨酸
菜子饼	50.42	31.82	0.037	0.048	0.061 5	0.061
鱼粉	50.60	73.10	0.196	0.145	0.217 5	0.110 5
麸皮	100.657	1.44	0.018	0.078	0.047	0.048
豆饼	121.32	65.1	0.038	0.06	0.162	0.186
玉米	608.43	55.16	0.024	0.126	0.284	0.130
合计	9 211.448	16.68	0.313	0.457	0.78	0.536
以上标准比较	−80.016	0.18	−3.187	−0.143	0.12	−0.014

第五步:加入矿物质饲料和食盐。

根据上面计算可看出,除钙和磷外,其他营养成分已能基本满足需要。因此可加入钙和磷。现补加7%的石粉和1%的骨粉,另外再加入0.3%的食盐,如有条件,可加入0.03%的蛋氨酸。这样配得的日粮含代谢能11.464 MJ/kg,粗蛋白质16.68%,钙3.12%,磷0.612%,食盐0.3%,赖氨酸0.78%,(蛋氨酸+胱氨酸)0.566%,基本符合营养需要。

☞ 108.我国肉鹅的日粮配方有哪些参考实例?

肉用太湖肉鹅仔配方:玉米52%,四号粉2.0%,米糠12.43%,麸皮6.0%,豆粕14.0%,菜子饼6.0%,鱼粉5.0%,骨粉2.0%,食盐0.4%,蛋氨酸0.17%。营养成分为代谢能12 008.08 kJ/kg,粗蛋白18.3%。

一般肉鹅日粮配方:

(1)肉雏鹅(0~3周龄)。玉米40.6%,高粱15.0%,豆饼

22.5%,鱼粉7.5%,麸皮6.0%,米糠2.5%,玉米面筋1.5%,糖蜜1.5%,猪油0.5%,磷酸氢钙0.8%,石粉0.8%,食盐0.3%,预混料0.5%。

(2)生长肉鹅(4~10周龄)。玉米35.1%,高粱20.0%,豆饼14.0%,肉骨粉3.0%,麸皮10.0%,米糠13.0%,糖蜜2.5%,磷酸氢钙0.8%,石粉0.8%,食盐0.3%,预混料0.5%。

(3)肥育肉鹅(11周龄至出售)。玉米43.0%,高粱25.0%,豆饼19.0%,麸皮6.0%,糖蜜3.0%,猪油0.6%,磷酸氢钙1.6%,石粉0.9%,食盐0.4%,预混料0.5%。

☞ 109. 国外肉鹅常用的日粮配方有哪些参考实例?

0~3周龄:黄玉米48.75%,小麦粗粉5.0%,小麦次粉5.0%,碎大麦10.0%,脱水干燥青饲料3.0%,肉粉(50%粗蛋白)2.0%,鱼粉(60%粗蛋白)2.0%,干乳2.0%,豆粕(50%粗蛋白)20.0%,石粉0.5%,磷酸氢钙0.5%,碘化食盐0.5%,微量元素预混料0.25%,维生素预混料0.5%。

3周龄至上市:黄玉米46.0%,小麦粗粉10.0%,小麦次粉10.0%,碎大麦20.0%,脱水干燥青饲料1.0%,肉粉(50%粗蛋白)2.0%,豆粕(50%粗蛋白)8.75%,石粉0.5%,磷酸氢钙0.5%,碘化食盐0.5%,微量元素预混料0.25%,维生素预混料0.5%。

☞ 110. 肉鹅饲料的加工调制方法有哪些?

一般来说,未加工的饲料适口性差,难以消化。有些饲料,如饼粕类,肉鹅采食后经体内水分浸泡膨胀,易引起食管膨大部损伤甚至胀裂,造成损失。因此,一般饲料在饲用前,必须经过加工调制。经过加工调制的饲料,便于肉鹅采食,改善适口性,增进食欲,提高饲料的营养价值。常用的饲料加工调制方法主要有以下几种：

粉碎或磨碎　油饼类和子实类精饲料一般都须用粉碎的方法进行加工。因皮壳坚硬,整粒喂给不容易被消化吸收,尤其肉雏鹅消化能力差,只有粉碎坚硬外壳和表皮后,才能很好地消化吸收。因此,为了更有效地提高各种精饲料的利用价值,整粒饲料必须经过粉碎或磨细。但是也不能粉碎得太细,太细的饲料肉鹅不易采食和吞咽,适口性也不好。一般只要粉碎成小颗粒即可。因富含脂肪的饲料粉碎后容易酸败变质,不易长期保存,所以此类饲料不要一次粉碎太多。此外,北方冬季肉鹅所需的大量青粗饲料一般由农副产物来供给,如豆秸、玉米秸、豆壳、稻壳等,可经粉碎后配合精料喂肉鹅。

浸泡　油饼和谷实类饲料质地坚硬,如豆饼、小麦、玉米和小米等饲料,经浸泡后柔软、体积增大,肉鹅喜欢采食,也容易消化。如肉雏鹅开食用的小米或碎米,可先浸泡 1 h 左右再喂给,以利于肉雏鹅的开食和消化,但须注意浸泡的时间不能太长,以免引起饲料变质。

蒸煮　谷粒、子实以及块根、瓜类等,经蒸煮后可增加适口性和提高饲料的利用率。但经过蒸煮后会破坏饲料中的一些营养成分,因而最好采用粉碎或切碎的方法,而不用蒸煮。但用于肉鹅肥肝生产时的玉米,切不可粉碎,一定要通过蒸煮。

切碎　青绿饲料如青菜、青草、苜蓿等,块根和瓜类饲料如甘薯、胡萝卜和南瓜等,均富含维生素,蒸煮易使维生素受到破坏,因而最好是先洗净后,切碎喂给。萝卜、南瓜类可切成丝条状喂给,这样便于肉鹅采食。切碎后的青绿多汁料,容易发霉变质,最好随切随喂。

拌湿　经粉碎后的干粉料不能直接喂肉鹅,因干粉料适口性差,且损失浪费较多。一般都将混合干粉料加水拌湿后饲喂。拌时应湿干适度,太湿时粘肉鹅嘴不易吞咽,太干的粉料适口性差,也不便于吞咽。同时，肉鹅会一边吃料一边饮水，既浪费饲料，又污染饮水。干湿的适宜程度是，用手一抓可以攥成团，放开后又能疏松地散开。湿料也要现拌现喂，以防腐败变质。

颗粒饲料　粉状饲料的体积太大，运输和肉鹅摄食都不方便，且饲料损失多，饲料的制粒则可以避免，特别是混有干草粉的肉鹅饲料的颗粒化更具现实意义。可采用颗粒饲料机制成，一般是将混合粉料用蒸汽处理，经钢筛孔挤压出来后，冷却、烘干制成。这种饲料的营养全面，适口性好，便于采食，浪费少。国外多采用这种颗粒饲料，我国的饲料加工部门也已逐步采用颗粒饲料机生产肉鹅的颗粒饲料。如江苏等一些地方用颗粒饲料饲喂肉仔鹅，效果良好。对肉鹅来说，颗粒适宜的大小一般在 4～8 mm。

青贮　青贮是以乳酸菌为主，有多种微生物参加的生物化学变化过程，是一种厌氧发酵。青贮能在长时间内保持青绿多汁饲料的营养价值，贮存过程中养分损失一般不超过 10%，青贮还能改善适口性，受天气影响也较少。青贮饲料是肉鹅冬季青绿多汁饲料和维生素的重要来源。青贮时要选好原料，控制水分，及时青贮，严格密封。我国目前用青贮饲料喂肉鹅的很少，而前苏联则较多。他们的经验是以混合青料青贮，主要原料是蜡熟期玉米果穗。饲料含水量必须控制在 65%～75%。当然，调制青贮饲料要有一定的设备，如青贮塔、青贮窖、青贮囊、青贮塑料袋等，基本要求是透气、不漏水。

膨化　谷实类饲料或颗粒料在膨化机内经 160～187℃ 的高温加热 1～2 min，让谷物内部水分加热到蒸发点，使谷物饲料膨胀，体积比原来增大 30%～40%，然后再压碎饲喂。有试验报道，膨化饲料饲喂肉雏鹅可提高饲料利用率。

干储　青草、青绿树叶等干储较易贮藏，适口性好，能保存其营养成分，在冬、春季节可用来代替青饲料。调制干草时，禾本科类应在抽穗到扬花期收割，豆科类应在始花期到盛花期收割。不但产量高,调制容易,而且能保证质量。收割应在晴朗天气进行,并应尽快调制。调制干草的方法有自然干燥法和烘干法,最常用的是自然干燥法。将收割的青草薄层铺在地上,在阳光下曝晒4~5 h,当青草晒至用手拧紧可呈绳状但不断裂且不出水滴时(水分含量为 40%左右),把草堆成小堆(高 1 m,直径 1.5 m,重约 50 kg)或小垄(高 30 cm)继续晾晒,待水分含量降至 14%~17%时(草贴在脸上不觉凉爽也不觉湿热,在手中抖动时有清脆沙沙声,揉折不脆断,松手能很快自动散开)即可堆垛,用草、泥封顶后保存。用此法调制干草,在翻晒和运输中要轻拿轻放,这样可减少青草营养物质的损失。在多雨地区或阴雨季节,可将青草放在木制、竹制或金属制成的 20~30 cm 高的架上,堆成多个 70~80 cm 高的蓬松的圆锥形,堆中留通气道,外层要平整以利排水,经 1~3 周即可晾干。把花生秧、甘薯蔓和青草放在墙头和树上,其效果和架上干燥法相似。架上的干制效果比在地面上晒制的效果要好。在晒制干草时若遇阴雨连绵,可将青草平铺风干后分层堆积 3~5 m 高。也可将青草堆成堆,逐层压实,每层撒 0.5%~1%的食盐,经 30~60 天即制成褐色干草。

打浆 在利用青草喂鹅时,一般应将采集的青草洗净、切碎后放入打浆机打成青草浆,然后与其他饲料拌在一起饲喂。这样肉鹅易于采食、消化和吸收。最好是随打浆随喂。采用何种调制方法,应视肉鹅的年龄和用途而定。如肉雏鹅多采用粒料或碎粒料,一般进行浸泡或蒸煮后喂;而肉鹅、肉种鹅多采用湿拌混合粉料进行饲喂;生产肉鹅肥肝的填肥饲料则以整粒玉米经浸泡和蒸煮后再加入适量的食盐、食油和维生素,仔细拌匀后填喂。

☞ 111. 牧草养鹅的意义是什么?

牧草等青绿饲料是养肉鹅业最主要、最优良、最经济的饲料,在肉鹅的饲养中具有特别的作用,其生产就显得尤其重要。牧草是发展养肉鹅业的物质基础,没有充足的牧草,就不会有高产优质与稳定发展的畜牧业。牧草种类繁多,大部分都能为肉鹅采食利用,特别是天然草地上的豆科、禾本科、藜科、菊科、莎草科以及其他杂草类的牧草,其生长期的茎叶及成熟期株穗子实,肉鹅都喜欢采食。但天然草地牧草生长季节性强、产草量低,为提高草地产量和质量,保证全年均衡供给青绿饲料,必须种植部分高产的人工草地和改良低产的天然草地。建立人工草地的栽培牧草种类也很多,根据各地的自然气候和土壤特点、养肉鹅的需要,必须选择适宜的牧草品种。

☞ 112. 肉鹅常用牧草有哪些?

(1)紫花苜蓿。紫花苜蓿是世界上栽培最早、分布最广的豆科多年生牧草,有"牧草之王"的美称。在我国西北、东北、华北等地广泛种植,南方也有栽培,河南省除信阳市不太适宜种植紫花苜蓿外,其他各地均适合生长。紫花苜蓿适应性强,产量高,品质好,是畜禽最好、最经济的饲料。一般亩产鲜草 3 000～5 000 kg,可晒制成干草粉 1 000～1 500 kg,鲜草中干物质含量为 18%～29.3%,粗蛋白质为 3.6%～4.7%,粗脂肪为 0.7%～0.8%,粗纤维为 3.1%～11.9%,无氮浸出物为 7.6%～10.9%,灰分为 1.8%～2.2%。干物质中粗蛋白质比例为 12.3%～26.1%,粗脂肪为 2.4%～4.5%,粗纤维为 17.2%～40.6%,无氮浸出物为 37.2%～42.2%,灰分为 7.5%～10%。胡萝卜素的含量为 18.8～161 mg/kg,维生素 C 210 mg/kg,B 族维生素 5～6 mg/kg,维生素 K 150～200 mg/kg。此外,还含有家禽必需的多种微量元素,如钴 0.2 mg/kg。紫花苜蓿不仅可作为草食家畜的主要饲料,也是最好的蛋白质和维生素的补充料,鹅对紫花苜蓿的选择性较差,可能是适口性问题,但如果紫花苜蓿与禾本科牧草混播,鹅的饲用能力大大提高。若制成草粉,在日粮中可占 25% 以上的比例，且效果极佳。

紫花苜蓿喜欢半温暖、半干燥的气候条件，生长最适宜的温度为25℃。在年降雨量为300～800 mm的地区均可生长，年降雨量超过1 000 mm的地方，种植紫花苜蓿易发生烂根。最适宜生长的土壤是轻壤土、壤土和富含钙质的土壤，pH值为7～9，轻度盐碱地也可生长，不宜在重黏土、低湿地和强酸强碱地上种植。喜欢光照，不耐荫。

(2)三叶草。三叶草为不暑带地区重要的牧草，我国种植有8种，其中以白三叶、红三叶栽培的最多。

①白三叶。又名白车轴草。白三叶喜温暖湿润的海洋性气候，耐热性强，较耐潮湿，耐旱性较差，耐酸性土壤。具有匍匐茎，竞争性强，再生性好，耐践踏、耐放牧，在频繁刈割或放牧时，可保持草层不衰败，是一种优质的放牧型牧草。白三叶草层中叶的含量比茎多，因而草质柔嫩，适口性强，营养价值高，干物质中蛋白质含量约为27.8%，粗纤维约为15.8%，灰分11.8%，无氮浸出物40.4%，粗脂肪3.3%，钙1.7%，磷0.30%，钾2.01%。刈割或放牧采食性强。鹅日粮中添加50%的白三叶草粉，日增重约为33.5%，每饲喂20～25 kg鲜草可增重1 kg。白三叶除了饲用之外，也是水土保持和城市绿化的重要植物。

②红三叶。又名红车轴草。最适合在亚热带高山低温多雨地区栽培。生长适宜温度为15～25℃，耐湿性较好，抗干旱性较差，适宜的年降水量是800～1 200 mm，喜中性和微酸性土壤。红三叶营养丰富，干物质含量为27.5%。其中，可消化蛋白质占3%，总消化养分为14.1%，蛋白质4.1%，脂肪1.1%，粗纤维8.2%，可溶性碳水化合物12.1%，矿物质2%，钙0.46%，磷0.07%。产量高，适口性好。

(3)毛苕子。又名毛野豌豆，是豆科野豌豆属一年生或越年生植物。喜温暖凉爽气候，抗寒能力强，在－30℃的低温下仍能生存；耐干旱、耐酸、耐盐碱；喜沙质土壤和排水良好的土壤，不耐低洼潮湿；耐荫，在果林或高秆作物行间生长良好；对磷、钾敏感，施用钼、硼、锰等微量元素肥料有增产作用。毛苕子的茎叶较细，饲用价值高，干物质含量18.2%，粗蛋白质占干物质重量的23.0%，粗纤维27.5%，粗脂肪2.8%，无氮浸出物34.6%，灰分12.0%。产量高，亩产青草3 000 kg左右，再生性较差。

(4)紫云英。又名红花草，是豆科花芪属一年生或越年生的草本植物。喜温暖湿润气候，不耐寒，生长最适温度为15～20℃；喜黏土或黏壤土；不耐贫瘠，在排水不良的低温地及沙质地生长不良；耐酸性较强，耐碱性较差，耐湿不耐旱。紫云英鲜嫩多汁，适口性强，现蕾时刈割的青草干物质含量为90.44%，其中粗蛋白质为28.12%，粗脂肪3.83%，粗纤维11.66%，无氮浸出物39.77%，灰分7.06%。

(5)黑麦草。全世界共有黑麦草20多种，其中有经济价值的主要为多年生黑麦草和一年生黑麦草。多年生黑麦草为禾本科黑麦草属多年生草本植物。喜清凉湿润的气候，耐寒、耐热能力都比较差，适于夏季气温不超过35℃、冬季气温不低于－15℃地区种植；年降水量1 000 mm最为适宜；耐湿，不耐旱，不耐瘠薄，最适宜于在肥沃、湿润、pH值6～7、排水良好的黏土或壤土地上生长；全年生黑麦草的利用年限比较短，一般为2年，第2年后再生性就很差；早期收获的多年生黑麦草叶多茎少，质地柔嫩，具有较高的营养价值。据测定，叶丛期粗蛋白质占干物质的18.6%，粗脂肪3.8%，粗纤维21.2%，无氮浸出物48.3%，灰分8.1%，必需氨基酸的含量为苏氨酸0.32%，缬氨酸0.57%，蛋氨酸0.10%，异亮氨酸0.34%，亮氨酸0.57%，苯丙氨酸0.37%，赖氨酸0.38%，组氨酸0.14%，精氨酸0.38%，可消化粗蛋白质96 g/kg，总能16.95 MJ/kg，消化能10.00 MJ/kg。一年生黑麦草与多年生黑麦草的形态不同之处是其植株较粗大，叶阔而长，幼叶呈卷曲状，叶耳大而明显,小穗花数略多,外穗上部延伸呈芒状,发芽种子幼根在紫外线下检查发出荧光;生物学特性的不同处是耐酸性和抗碱性较强,pH 值 5~8 时均能生长良好。其他均与多年生黑麦草相似。

(6)苏丹草。苏丹草原产于北非苏丹,现已成为世界各国栽培最普遍的一年生禾本科牧草,我国在西北和华北干旱地区种植最多。苏丹草属于喜温作物,温度是决定它的分布和产量的关键因素,幼苗不耐低温,遇 2~3℃气温即受冻害;喜光不耐荫;抗旱力强,生长期间如果遇到极度干旱可暂时休眠,雨后可迅速恢复生长;在雨水过多和土壤长期潮湿时不利其生长;在排水良好的沙土至重黏土或盐碱地上,均有旺盛生长;产量高,可达每亩 5 000~10 000 kg;草质好,据测定,抽穗期苏丹草中干物质含量为 21.6%,其中粗蛋白质占 15.3%,粗脂肪 2.8%,粗纤维 25.9%,无氮浸出物 47.2%,灰分 8.8%。苏丹草喂鱼效果明显,有"养鱼青饲料之王"的美称。

(7)无芒雀麦。又名无芒草、禾萱草,是禾本科雀麦属多年生牧草,原产欧、亚两洲,我国东北、西北及河南、安徽等地均有分布。无芒雀麦为中旱生植物,特别适于寒冷干燥气候,在高温高湿地区生长不良,最适宜种植在我国北方的暖温带及年降雨量为 400~500 mm 的地方;可耐长期干旱,是栽培禾本科牧草中抗旱性最强的一种;耐涝性很强,可耐受 50 多天的水淹;抗寒性强,幼苗能耐受 -5~-3℃的霜冻,植株在 -30~-20℃可安全越冬;耐热性较强,日最高温度 35~36℃仍能正常生长;对土壤要求不严,从黏壤土到沙土均可栽培;耐瘠薄、耐盐碱。无芒雀麦叶多茎少,营养价值很高,幼嫩无芒雀麦干物质中蛋白质含量不亚于豆科牧草中蛋白质的含量,据测定,抽穗期的无芒雀麦干物质含量为 30%,其中粗蛋白质约占 14.0%,粗脂肪 4.3%,粗纤维 30.0%,无氮浸出物 44.7%,灰分 7.0%,必需氨基酸占干物质的比例为:苏氨酸

0.50%,缬氨酸 0.77%,蛋氨酸 0.13%,赖氨酸 0.53%,组氨酸 0.17%,精氨酸 0.52%,可消化粗蛋白质 154 g/kg,总能 17.32 MJ/kg,消化能 10.88 MJ/kg,代谢能 8.91 MJ/kg。

(8)燕麦。又名莜麦、草燕麦,是禾本科燕麦属的一年生草本植物,喜冷凉湿润气候。不耐高温,适温为 15～25℃,36℃以上持续高温开花结实受阻,成株在 -5～-4℃能缓慢生长;需水较多,适宜在年降水量 400～600 mm 的地区种植;喜欢光照,但也较耐荫;对土壤要求不严,以富含有机质的壤土最为适宜,比较耐碱、耐旱,耐热及耐寒较差。燕麦子粒是优质精料,富含蛋白质,一般为 12%～18%,高者可达 21%,脂肪含量为 3.9%～4.5%,裸燕麦的纤维含量少。燕麦的茎叶质地柔软,气味芳香,是畜禽冬春缺青时期的优质的青饲料。

(9)聚合草。又名饲用紫草、爱国草,原产于前苏联的北高加索,1972 年由朝鲜引入我国,全国各地均有种植,是一种优良的高产饲料作物,适合于猪、牛、羊、鸡、鸭、鹅、鱼、鹿等的喂养。聚合草是紫草科聚合草属多年生的草本植物,有非常强的适应性,喜温暖湿润气候,但耐寒性较强,其根在土壤中能耐受 -30℃的低温。聚合草根系发达,入土很深,有较强的抗旱性,但要高产,一定要满足对水分的需要,积水时易导致烂根。聚合草耐酸耐碱性强,除低洼地、重盐碱地外,一般土壤均能生长。

(10)苦荬菜。又名鹅菜、山莴苣等,是菊科莴苣属一年或越年生草本植物,我国各地均有广泛种植,是一种适应强、产量高、营养好、适口性极好的优质青绿多汁饲料。

(11)千穗谷。又名天星苋、猎苋菜等,是苋科苋属一年生草本植物,常见的有红苋和绿苋。千穗谷是一种产量高、适口性好的优质青饲料,具有适应性广、管理方便、生长快、再生力强等优点,为夏季重要的饲料作物。千穗谷的新鲜茎叶中水分含量为 87.5%,粗蛋白质 2.9%,粗脂肪 0.4%,粗纤维 1.9%,无氮浸出物 4.9%,

灰分 2.4%，由于水分含量高，千穗谷只适合青饲。

(12)水浮莲。又名大浮萍、水莲花、大藻等，广布于热带、亚热带的淡水湖中。水浮莲繁殖快，产量高，利用时间长，能充分利用水面，扩大饲料来源。水浮莲为天南星科大灌属的多年生水生植物。水浮莲喜高温湿润气候，在气温 15～45℃都能生长；以 30～35℃时分株繁殖最快，如果水肥、光照条件适宜，每株 1 个月可繁殖 50～60 株，气温高于 35℃或低于 18℃，一般不能分株。

(13)浮萍。又名无根、粒萍，是一种漂浮在水面的植物，天冷时下沉水底越冬。浮萍体型小，为浮萍科中体型最小的种。无根、茎，是椭圆或卵圆形绿色粒状体，以芽孢繁殖。浮萍是水产的重要饲料。

(14)串叶松香草。松香草为菊科多年生草本植物，喜温暖湿润气候，既耐寒又耐热，既抗旱又耐湿，适宜在土层较厚的沙壤土中生长，但不耐瘠薄。既可用种子繁殖，也可采用分株等无性繁殖的方法。串叶松香草鲜嫩多汁，营养价值高，含有丰富的蛋白质（鲜草中粗蛋白质为 3.8%左右，干草中的含量约为 22.0%），有家畜所必需的全部氨基酸，尤以赖氨酸含量最高，因此是牛、羊、猪、鸡、鹅等畜禽的优良饲料，可青饲、青贮和调制干草。

(15)牛皮菜。牛皮菜又名达菜、厚皮菜、叶用甜菜，是我国栽培历史长、种植范围广的牧草。其适应性强，对土壤要求不严，易于种植，病虫害少，产量高，叶柔嫩多汁，营养价值较高，适口性好，且利用期长，是鹅喜食的优质青饲料。

☞ 113. 可以供鹅食用的野生草类有哪些?

野生草类在鹅的饲养中具有特别的作用，其生产就显得尤其重要。我国的牧区有大面积的草原，已有少数地方用来发展养鹅。农区有丰富的野生草类，在发展养鹅业中发挥了相当大的作用。野生草类不占耕地，自然生长，到处都有，全年大部分季节都能生产,往往是几种混在一起,营养上可相互补充,应给予充分利用。野生草类利用的主要方式是放牧。一般1亩自然草地可养鹅1~3只。在耕地中,也会生长不少野生草类,包括路边草和田间草,1亩也能养鹅1~2只。在放牧时,鹅对野生草类有一定的择食性,喜食柔软、细嫩、多汁的青饲料。在饥不择食的情况下,也能吃较粗的青绿饲料。野生的种子,一般来说,鹅均喜食。水中或水边的野生青绿饲料,鹅特别喜欢。鹅喜欢采食的野生草类有如下几种:牛茅草、齐齐草、狗尾草、野黄子、野驴棒、有根胡萝卜、铁扫帚、竹节草、山藤根、浮香菜、野荸荠草、野生白草、水花生、多根浮萍、青挥稀脉萍、红萍等。

☞ 114. 鹅体自身能产生哪些热?

基础代谢产热指鹅在饥饿、休息、温度适宜(25℃)和消化道没有养分可吸收的情况下的产热量。这是鹅维持生命活动所需的最低产热量。鹅的体重越大,产热量越多,但单位体重的产热量则较少;相反,体重越小的鹅,产热量越少,但单位体重的产热量则较多。若以每单位体表面积(m^2)产热量计算很相似,因为体表面积比例为体重的2/3次方。基础代谢率因气温、性别、年龄、个体、营养状态、神经类型和内分泌机能等而不同。公鹅高于母鹅,代谢率随年龄增长而下降;神经敏感,甲状腺活动较强的代谢较高;营养好、体胖、生长快的鹅代谢率亦较高。消耗饲料产热也称增生热、热增耗或特种动力作用。当鹅摄食和消化、吸收饲料时,其代谢随之增强并释放出生化反应过程中所产生的热量。体增热在冬季可用于维持体温,在夏季却增加散热负荷。以纯养分而论,蛋白质的体增热约占代谢能(ME)的30%,碳水化合物占ME的10%~15%,脂肪则仅占ME的5%~10%。肌肉活动产热:肌肉是体热产生的主要器官,在基础代谢情况下,肌肉活动产热占总产热量的1/3以上,各种活动时产热大量增加;其次为肝脏,约占12%;肾脏和心脏也是产热的主要器官。鹅在产肉、蛋和生长发育过程中都要产热。生产性能越高，生长速度越快，产热量越多。

☞ **115. 肉鹅自体的散热方式有哪些?**

鹅的机体产生的热量不断向外扩散，散热主要通过皮肤进行，其次还通过呼吸道和排泄器官等进行。散热的途径主要有辐射、传导、对流和蒸发 4 种形式。

(1)辐射散热。皮肤以红外线辐射散失大量的热，周围物体的温度越低，吸收能力越强。干燥空气吸收辐射热的能力很低，潮湿空气却能大量吸收。当气温与鹅的皮肤温度相等时，辐射散热停止。高于鹅体温的热物体，反而使鹅接受辐射热。

(2)传导散热。传导散热量与鹅体和接触物体的温差、接触面积和导热性成正比。鹅接触低温物体时可传导散热，而接触高温物体时则通过传导得热。一般情况下，传导散热主要通过地面进行。当潮湿寒冷时，空气传导散热也较多。

(3)对流散热。气温低于鹅体体表温度时，通过空气运动而带走体表热量的过程，称为对流散热。对流散热与气流速度，有效对流面积，体表与空气间的温差成正比。当鹅的体表温度高于环境温度时，对流可使机体散热，若环境温度高于皮肤温度，对流反而使机体得热。但对流对蒸发散热始终是有益的。一般说来，由鹅体表面散失的热量 10%～25%是以对流方式进行的，加大气流速度，有利于对流散热。

(4)蒸发散热。热通过皮肤和呼吸道表面水分蒸发而散失的过程称蒸发散热。蒸发散热量与蒸发表面和环境之间的水汽压之差、风速、皮温、有效蒸发面积成正比。当皮肤温度为 34℃时，每蒸发 1 g 水分散失 2.43 kJ 的热量。只要机体水分蒸发必然伴随着散热。外界气温高时，鹅呼吸浅而快，以增加蒸发散热，同时，水分通过皮肤的渗透增加；气温低时，鹅的呼吸次数少而深，皮肤渗透作用减弱,蒸发散热减少。气温高、湿度小、风速大,鹅体蒸发散热多,因此,夏季要尽量降低舍内湿度,加强通风,以利于鹅体散热。在一般气候条件下,鹅的辐射、传导和对流散热占 75% ~ 80%。蒸发散热约占 17%。此外,鹅通过粪便排泄和产蛋也能散失少量的热。

☞ 116. 什么是肉鹅自身的热平衡?

鹅通过产热和散热的调节来维持体热的平衡。其平衡关系可用下式表示:$M-E \pm R \pm Cd \pm C \pm F=0$。式中 M 为鹅体产热量,E、R、Cd、C、F 依次为蒸发、辐射、传导对流和饲料饮水的散热(-)或得热(+),产热量与总散热量之差即为余热。余热为 0,机体处于热平衡状态,体温稳定;余热>0,体热积累,导致体温升高;余热<0,体热散失过多,体温下降。正常情况下,鹅通过体温调节机制,使机体产热和散热保持动态平衡。

☞ 117. 温度对肉鹅有哪些影响?

温度是最重要的环境因素,它对鹅的体热平衡、生长发育、采食和饮水、饲料转化率以及生理生化等方面都有明显的影响。

(1)气温对鹅体热调节的影响。在一定温度范围内,鹅的产热量与气温呈负相关。高温时,鹅的皮肤血液循环加强,增加散热,同时减少产热,鹅表现为采食量下降,少动。并且,由于高温抑制非蒸发散热的效率,鹅主要靠调节呼吸频率、增加蒸发散热来调节体温的恒定。一般温度达 29.4℃,鹅就开始喘气。继而出现呼吸浅而快的热性喘息,以散发体内过多的热量。鹅的呼吸频率在 27℃以下时约为每分钟 18 次,气温上升到 31.7℃时可达每分钟 171 次,39.5℃时可达每分钟 285 次,这时鹅大量饮水以补充呼吸和皮肤蒸发所散失的水分。在一定温度范围内,不同温度下鹅的产热与散热是相等的,产热量和散热量与气温呈负相关。在常温下，鹅以非蒸发散热为主，随着温度升高，蒸发散热所占比例上升，如气温从22.5℃升高至32.5℃，蒸发散热可增加4倍。气温升高对肉鹅的热平衡极为不利，可引起体温升高和呼吸、心跳加快。除热带鹅外，气温高达37.8℃，鹅有发生热衰竭死亡的危险，可引起肉种鹅的死亡。鹅的耐寒能力较强，鹅在低温下的产热量潜力提高较大，其产热量最大值可比正常情况下大3～4倍。

(2)鹅的最适温度和温度对鹅的影响。鹅的适宜温度通常以生产性能、饲料转化率和综合经济效益等指标经过实验确定，由于衡量标准、实验条件和试验鹅本身的差异，不同实验的结果是有差异的。一般而言，饲料利用率最高的温度比生长最快或产蛋最多的温度要高。雏鹅由于其体温调节机制要到3周龄才渐趋完善，羽毛逐渐丰满，采食量也增大，因而其适宜温度随日龄的增加而下降，肉仔鹅增重的最适温度可定为16～18℃；若考虑饲料利用率，至少应提高6～8℃。公鹅的精液质量和睾丸组织有明显的季节性变化，春季精液质量最好，夏季最差。5月份精子活力最强，8月份最弱。不同品种对高温的反应也不同。低温对睾丸生长和精子形成也有抑制作用，饲养于19℃中的公鹅受精力高于饲养于30℃或8℃中的公鹅。气温对鹅采食量和饲料转化率有显著影响，采食量与气温呈曲线负相关。在适宜温度范围内，气温对鹅采食量的影响较小，温度较高或较低时影响大。但是，在任何情况下，变温幅度太大对机体都是不利的。鹅舍日平均温度和温度变化情况，可作为评价鹅舍保温隔热性能和鹅舍环境控制质量的一项参考依据，对生产管理有重要意义。舍内各点气温应尽量均匀一致，垂直方向温差要求不超过0.5℃，水平方向冬季要求墙壁附近温度与舍中心温度相差不超过3℃，否则，说明鹅舍保温隔热较差。

☞ 118．鹅舍空气中的有害成分是什么？

鹅舍内由于鹅的呼吸、排泄以及粪便、饲料等有机物的分解，使原有的成分比例发生变化，同时还增加了一些有害气体，如氨、硫化氢、甲烷、羟基硫醇、粪臭素等，统称为有害气体，其中最常见和危害较大的是氨、硫化氢、二氧化碳和一氧化碳。

氨　氨为无色，具有刺激性臭味，是易溶于水的气体，比重为0.596(与同体积干洁空气重量的比值，下同)，人可感觉的最低浓度为4 mg/m^3，舍内氨气主要由含氮有机物分解而来，特别是温热、潮湿、饲养密度大、垫料反复利用、通风不良等均会使浓度升高。封闭舍空中氨气含量一般在3～8 mg/m^3，高者可达60 mg/m^3。氨气的危害是，易被呼吸道黏膜、眼结膜吸附而产生刺激作用，使结膜产生炎症；吸入气管使呼吸道发生水肿、充血，分泌液充塞气管；氨气可刺激三叉神经末梢，引起呼吸中枢和血管中枢神经反射性兴奋；氨气还可麻痹呼吸道纤毛或损害黏膜上皮组织，使病原微生物易于侵入，从而减弱鹅对疾病的抵抗力。据研究，氨气含量20 mg/m^3 环境中的肉鹅接种新城疫疫苗，抗体水平显著低于无氨气环境中的肉鹅。鹅短时间吸入少量氨气，体内易变成尿酸排出体外而解毒，但鹅除肺外尚有气囊遍及全身，单位体重的呼吸量大，因而对氨特别敏感。氨气除使抵抗力降低、发病率上升外，还会影响食欲，使生产力下降，死亡率提高，肉鹅的肉品质下降。

硫化氢　硫化氢无色，易挥发，易溶于水，比重为1.19，有强烈臭蛋气味，产生气味的低限为0.17 mg/m^3。硫化氢主要来源于含硫有机物的分解，破蛋腐烂或鹅消化不良时均可产生大量硫化氢。因硫化氢比重大，故地面附近浓度较高。硫化氢毒性很强，易被黏膜吸收与钠离子结合生成硫化钠，刺激黏膜产生眼炎和呼吸道炎症，出现流泪、角膜混浊、咳嗽，甚至肺水肿。硫化氢通过肺泡进入血液后，未氧化的硫化氢可影响细胞氧化过程，造成组织缺氧。长期低浓度的硫化氢刺激可使鹅体质变弱，抗病力下降，生产性能低下，体重减轻。高浓度急性中毒，抑制呼吸中枢，导致窒息死亡。鹅舍中硫化氢浓度不能超过17 mg/m^3。

二氧化碳(CO_2) 二氧化碳无色,无毒,略带酸味,比重1.524。大气中含二氧化碳0.03%～0.04%。鹅舍内如通风不良,密度过大,二氧化碳浓度可达0.5%以上。主要来源是鹅群呼吸。1 000只平均体重1.6 kg的产蛋母鹅,每小时可排出二氧化碳1 700 L。二氧化碳并无毒性,只是在舍中浓度过高,持续时间过长时会造成缺氧。鹅舍中一般不会达到此等程度,只有封闭舍的通风设备失灵时,才可能导致二氧化碳浓度过高。二氧化碳浓度的卫生学意义,在于表明其他有害气体的多少。鹅舍中二氧化碳浓度以不超过0.15%为宜。

一氧化碳 一氧化碳无色,无味,比重0.967。鹅舍内一般没有一氧化碳,用燃料取暖燃烧不全、煤气灯照明时均可产生一氧化碳。一氧化碳对血液和神经系统有毒害作用,对血红蛋白的亲和力比氧大200～300倍,形成的碳氧化红蛋白不易解离,造成急性缺氧,出现循环和神经系统病变,使鹅死亡。

减少舍内有害气体的措施 减少粪便在鹅舍中的存留时间或使其处于干燥状态。鹅粪含水量30%以下时产氨很少。保证舍内供水系统不漏水,保持舍内空气和四壁干燥。合理地通风换气,排出舍内浑浊、潮湿的空气。使用垫料和吸附剂,垫料或黄土对有害气体有一定的吸收能力。用磷酸、过磷酸钙等撒布可吸收氨,饲料中添加降氨物,可减少舍中氨浓度。

☞ 119. 鹅舍中有哪些灰尘和微生物?

鹅舍内湿度较大,灰尘及微生物来源多,空气流动慢,无紫外线照射,这些都为微生物的生存创造了良好的条件。有人报道,鹅舍空气1 g尘埃中含有20万～25万个大肠杆菌。在清扫卫生、饲喂、生产性操作及鹅群骚动鸣叫时都可使空气中的灰尘和微生物含量大量增加。空气中的病原微生物吸附在灰尘和飞沫上,可使鹅患病。呼吸道疾病的传染多由飞沫传播造成,如鹅新城疫多是鹅吸入带病毒的飞沫而感染的。咳嗽、鸣叫和采食时均可喷出小液滴,其直径约 10 μm,液滴的大部分水分蒸发后,留下较小的滴核,其直径一般为 1～2 μm。滴核由喷液中的黏液素、蛋白质、盐类和微生物所组成,因而含有营养,且不易干燥,微生物可长期生存。滴核在空气中长期飘浮,经呼吸道进入鹅的支气管和肺泡,可导致发病。因此,夏季喷雾降温时,最好加入一定量的消毒剂,以减少飞沫传染。鹅舍空气中的灰尘和微生物含量因饲养管理方式、密度、湿度和舍型等不同而不同。饲喂干粉料,持续照明,厚垫料密集饲养,舍内过于干燥时,空气中的灰尘和微生物数量较多。笼养鹅舍空气中一般微生物总量为每立方米 13 万个,其中大肠杆菌群超过 15%,可引起大肠杆菌病,须采取预防措施。采用水洗和空气消毒,对减少空气中的细菌效果良好,空气过滤对孵化也有良好作用。一般认为鹅舍空气中微生物数量不应高于每立方米 25 万个。灰尘可刺激呼吸道引起炎症,形成尘肺,导致呼吸道疾病的发生。空气中灰尘以飘尘计算,人的卫生标准不得超过 0.5 mg/m^3。减少鹅舍灰尘和微生物的措施是:严格卫生防疫制度,改善管理,如禁止干扫地面,不喂干粉料,进行必要的空气过滤。改善鹅舍和场区环境,实行全面种植、种草,加速降尘,增加空气湿润,防止舍内空气过度干燥。保证通风系统的良好工作状态,实行全进全出的饲养制度,定期进行空气净化消毒,正常情况下,每周进行气雾消毒 1～2 次。

☞ 120. 鹅舍的噪声有哪些?

声音是由物体振动产生的。对养鹅有不良影响的声音,均可称为噪声(噪音),其单位是分贝(dB),鹅舍的噪声来源有:外界传入舍内机械噪声,鹅自身产生的声音,如鸣叫、争斗、采食等。噪声对机体神经系统、内分泌、循环、生殖、消化、行为和生产性能都可产生不良影响。噪声可引起坠蛋，并造成产蛋减少。据研究，90～110 dB 可出现暂时性坠蛋，继而可适应。超过 100 dB 产蛋下降，110～120 dB 连续噪声使鹅的体重下降，甚至死亡。噪声还可使鹅骚动不安，食欲减退，使小鹅惊恐、狂奔或呆立。在生产中尤其要注意突然的噪声影响。为了减少噪声，应从选择场址、设备等方面考虑。良好的绿化可使外界噪声降低 10 dB 以上。声音是鹅传递信息的生态因子，适宜声音刺激对生产可能是有益的。据试验，地乐能使产蛋鹅安静，有延长产蛋周期的作用，一般认为 60 dB 以下的声音对生物是无害的。

☞ 121. 怎样防止鹅的应激？

应激是指作用于鹅体的各种外界刺激使鹅体内产生防止损害的非特异性反应的总和，是机体对不良环境的应答。引起机体异常生理反应的一切不良的体内、外环境刺激叫应激因子或应激源。受应激因子刺激而引起体内防止损害的反应叫应激反应。应激反应使鹅处于应激状态，应激状态对鹅的健康和生产力都产生不良影响，以致造成严重后果。引起鹅应激的因子非常多，根据来源可分为 7 类：气候因子，如温、湿度过高或过低，刮风，下雨等；外环境因子，如舍内卫生、通风不良，噪声或光线过强，有害气体、灰尘多，空气污染等；内环境因子，如病原微生物和寄生虫感染、外伤、饲料中毒、药物中毒等；管理因子，如饲养方式与设备落后，密度过大，运输、转群、混群、断趾、断喙、接种、饲喂制度改变、饮水不足、更换饲料、限饲、强制换羽等；营养因子，如饲料营养不平衡，饲料的种类、质量和适口性差等；群居因子，如拥挤、争斗和争夺序位；心理因子，如异常的声响及光线、驱赶、抓捕、惊吓、疲劳及工作人员的影响等。

应激反应要经过惊慌反应期、抵抗适应期和衰期 3 个阶段的复杂反应。应激时机体的交感神经兴奋，呈现与紧张性反应有关的生理变化，使肾上腺髓质释放大量儿茶酚胺，使机体心跳加速、血压升高。进而是以肾上腺皮质为主的系统进行调节的过程，其神经机能和内分泌发生一系列的改变，即应激信息通过神经传到大脑和丘脑下部，然后再传到垂体，使促肾上腺皮质激素分泌增加，进而使肾上腺皮质激素（主要是皮质酮）分泌增加，使糖和蛋白质代谢加强，体液免疫和细胞免疫受抑制，抗体减少，免疫能力下降，易发生疾病。应激还可促进分解代谢、抑制合成代谢的激素释放增加，而性激素分泌减少，影响能量转化和物质合成，使鹅生长减慢，产蛋率下降。同时，应激使机体对环境变化的适应能力有所提高。

应激的目的是为了克服应激因子的危害性，以保持体内平衡，所以，应激是一种适应性机制，是一种非特异性防御反应。如果刺激过度或作用时间过长，机体就会逐渐失去应付能力，从而表现衰竭现象而陷入病理状态，常称为病征，这是一种全身适应性综合症。这种病征使鹅的抵抗力和生产力下降，以致出现失应，造成死亡。主要表现为：鹅群惊慌紧张、恐惧逃避、打斗啄羽、眼睛呆滞无神、展翅垂尾、闭眼蹲伏、扭颈不食、气喘休克等。对生产和生存的影响：鹅的整个生理机能发生连锁反应，主要表现为，食欲和采食量下降，生长缓慢，产蛋下降或停产；营养不良，代谢失调，饲养转化率下降；免疫力和健康状况下降，易发生各种疾病，以致造成伤残、虚脱、衰竭和死亡等。养鹅过程每个环节都伴随着应激，预防应激应从应激源着手，在改善环境条件、管理条件上下功夫，并结合药物的应用，以减轻或消除环境应激因子的不良影响。镇静剂和降压药：氯丙嗪可降低鹅对外界刺激的敏感性，在应激发生前1.5 h和后两天随饲料喂给雏鹅10 mg、成鹅50 mg氯丙嗪，同时提前两天喂给抗应激维生素（如维生素C），对预防应激有良好效果。在高温时，每千克饲料添加12 kg利血平或加300 mg氯丙嗪，可使鹅的增重提高，并可延长高温条件下鹅的存活时间。维生素类：应激时，许多维生素的需要量一般增加0.5～1倍，其中维生素C的抗应激作用最有效，故维生素C又称抗应激因子。每千克饲料中添加100～200 mg维生素C，对缓和各种应激、维持鹅的正常性能有良好效果。维生素E、B族维生素也具有抗应激作用，可配合使用。

抗应激制剂：琥珀酸盐（丁酸二酯），50 mg/kg体重喂10～20天，能使处于应激状态下的肉鹅较快地恢复正常生理状态和维持正常生产水平。延胡索酸是一种有前途的应激保护剂，可促进生长发育，提高免疫力，据报道，按100 mg/kg体重饲喂，可保持雏鹅最高成活率和最快生长速度，苹果酸也有类似作用。此外，还要重视肉鹅的训练，可常用一些弱的应激因子进行轻度刺激，使其产生抗逆境的适应能力，从而提高对应激的抵抗力，这是一种积极的预防措施。

☞ 122. 什么是肉仔鹅的屠宰加工？

肉仔鹅的加工就是运用物理或化学等方法，对肉仔鹅及其产品进行一定的工艺处理，使其利用方便、贮存持久、风味增加、价值提高的过程。从广义上说，鹅的屠宰、冷藏，鹅体分割，制作各种鹅产品的制品，分级去杂，乃至烹调等，都属于加工。鹅及其产品通过加工得到综合利用，这对于充分利用产品资源，满足市场多种需要，提高养鹅经济效益，保障人民身体健康，减少环境污染危害，增值、增利、增税、创汇等都具有极其重要的作用。鹅及其产品的加工，随着养鹅产业化的推进、消费市场的扩大、科技成果的应用，也在逐步发展。可以预测，鹅及其产品的加工将从单纯的手工操作向机械化生产，从初级产品向系列深加工产品，从一次利用、几次利用向综合利用方向发展，加工的效率、深度和广度都将不断提高。

☞ 123. 仔鹅产肉性能的指标有哪些?

活重是指在屠宰前停饲 12 h 后的体重,以克为单位。屠体重是指肉禽屠宰放血拔羽后的重量。半净膛重系指屠体去气管、食道、嗉囊、肠道、脾脏、胰脏和生殖器官,留心、肝(去胆囊)、腺胃、肌胃(除去内容物及角质膜)、腹脂(包括腹部皮下脂肪和肌胃周围脂肪)和肺、肾脏(肾脏因嵌入背椎肋和腰椎之间,不易去除)的重量。全净膛重是指半净膛去心、肝、腺胃、肌胃、腹脂和头、胫、脚的重量。鸭、鹅保留头、胫、脚。

半净膛重为半净膛重占活重的百分比。半净膛率=半净膛重÷活重×100%。

全净膛重为全净膛占活重的百分比。全净膛率=全净膛重÷活重×100%。

胸肌率为胸肌重占全净膛重的百分比。胸肌率=胸肌重÷全净膛重×100%。腿肌率为上、下腿净肌肉重占全净膛重的百分比。

腿肌率=上、下腿净肌肉重÷全净膛重×100%。

☞ 124. 怎样收购和运输活鹅?

首先,必须按照有关法规,由动物防检疫人员对活鹅进行检疫,证实鹅健康无病,取得合格、有效的检疫证明后,才能收购。产地检疫,主要是区分健康鹅、病鹅及可疑鹅。对于成群的活鹅,可以先大群观察,再逐只检查或抽样检查。大群观察主要看鹅的精神状态是否正常,有没有缩颈、垂翅、羽毛松乱、闭目孤立等不正常情况;听鹅的呼吸是否急促或困难,有否发出怪叫声或气喘声。略赶一下鹅群,看是否有跟不上群、伏地、只鸣叫不动弹的鹅。逐只检查时,左手提握鹅的双翅,先看头部、口腔、鼻子,再仔细观察眼睛。用右手触摸食道膨大部，判断是否有积食，挤压时是否有气体或积水的感觉，倒提时口腔内是否有液体流出。然后，拨开胸腹部绒毛，观察皮肤有无创伤，是否有发红、僵硬等现象。接着，检查肛门周围粪便污沾情况，观察肛门张缩情况及色泽。最后，将鹅提近耳边，轻拍鹅体，听其发声是否正常。通过以上检查，可以发现病鹅和可疑的鹅。发现后应及时将这些鹅剔除，关入隔离圈，待进一步诊断后再按规定处理。同时，记录病鹅的只数、症状和检查、检验结果，了解同群鹅的产地、运输工具和运输路线，以便必要时采取应急措施。不同群的肉鹅，最好分别关在不同的圈内，如条件不许可，至少要将来自有疫情地区和无疫情地区的肉鹅分开饲养管理。其次，正确把握加工利用的价值所在。对于仅以光鹅作为产品出厂的加工企业或专业户来说，通常采取统货按千克收购，不分肥瘦、公、母、新老。这种办法虽简单易行，但做不到优质优价、劣质低价，也满足不了深度加工的需要，不宜提倡，应加以改进。新老鹅的区别对于加工者来说是十分重要的，因为加工时两种鹅烫褪毛的水温和脱毛方法有所不同，商品价值也不一样。肉鹅的饲养年龄与个体体重有关，可作参考。从外形上也可作大体的区别。鹅达到8～12月龄时，头上喙的基部才会长瘤，老鹅的瘤在橘黄或橘红色中会起一层白霜状物。这些与新鹅不同。活鹅收购的等级、规格，因各地的习惯、鹅的品种、加工用途的不同而不同。一般要求活鹅羽毛齐全，干毛平喙，肥膘一般，无病无伤。收购来的活鹅，也有直接销售的，鹅的购销价格经常随市场供求变化而变动，一般来说等级高，价格也高，白鹅比灰鹅的价格也高。活鹅收购等级与规格为：2.75 kg以上为一级；2.25～2.75 kg的为二级；2.0～2.25 kg的为三级；2.0以下为等外品，有的地方在此基础上向下降0.25 kg为等级标准。收购来的合格活鹅应尽快调运给加工厂。

活鹅的运输要求安全，努力防止或尽量减少掉膘减重。运输活鹅最好是水上赶运，既安全又省钱，也可以使用多种交通工具运输。用交通工具运装，应装笼。运输前，应喂适量易消化的饲料。装笼时，再作一次健康检查，剔除病鹅。运鹅的笼底部最好垫些柔软的物品，如席片、麻袋、麦瓤、稻草等，以防擦伤胸部皮肤，影响加工后屠体的等级。运输过程夏季要防止日晒和雨淋，冬季要防风、防冻。运输路途较远时，途中应适当供水，保持通风良好。途中每天喂料2～3次。活鹅运到加工厂后，应当有一个待宰的过程。活鹅经收购、运输，由于环境改变及多种刺激，肉鹅易产生应激现象，精神紧张，正常的生理机能受到抑制或破坏，抵抗力下降，血液循环不正常，血中微生物含量增加，表皮易充血，肌肉内所含的乳酸量增加，这时屠宰会影响屠体和肉的品质。鹅运到后还有以下的两步工作要做。

(1)接受第2次检疫。活鹅运达后，先由动物防检疫人员进行接收复检，定时观察检疫。复检合格的活鹅，接受产地、批次、强弱等分群、分圈饲养管理。发现病鹅要及时剔去隔离饲养，进行诊断和治疗。患中毒病的鹅，严格禁止混同大批健康鹅一起加工；患急性传染病的鹅，应当另行处理，不允许与大群健康鹅一起加工。允许宰杀的病鹅，应在专门的急宰间单独宰杀并处理。病鹅所接触的禽舍、场圈、食槽、水槽等，均要消毒。其粪便等垃圾，要集中进行发酵或灭菌处理。不允许宰杀的病鹅，应及时作焚烧或深埋处理。

(2)待宰肉鹅的处理。活鹅在运达后至宰杀前，应当给予12～24 h的休息，以消除疲劳，促使生理机能和血液循环逐步恢复正常，肌肉中的乳酸含量降低，有利于宰杀时充分放血，保证肉品质量。待宰圈应防热、防晒、防雨、防冻，保持空气流通和环境安静。在管理中应避免剧烈运动、过度拥挤、恐吓、鞭打，防止滑跌、挤压、堆垛，以保证休息，提高胴体品质。活鹅宰杀前应停食饮水12～14 h。停食的时间与饲料的性质有关。喂青饲料的，停食几小时后即完全消化；喂干燥或浸泡不充分谷物的，一般停食 9～14 h。停食能促进粪便排出，减少胃肠内容物，屠宰后便于拉肠去管。暂时的饥饿可促进鹅蛋白、脂肪、糖原的分解代谢，有利于肉的成熟，改善风味。停食期间，每隔 3 h 扫除一次粪便，并缓缓轰赶鹅群，促进鹅只排泄。地面宜为水泥地，不应有泥土、沙石、杂草，以防鹅饥饿啄食。停食时，必须给鹅充分的饮水。水槽的长度或水盘的数量要充足，防止争抢饮水而引起挤压。饮水可以保持鹅正常的生理机能活动，降低血液黏度，便于放血干净。宰杀前 3 h 要停止饮水，以免肠胃内含水过多，宰杀时流出造成污染。鹅在宰杀前要进行清洗，保证宰后的胴体清洁；清洗鹅也可使鹅精神舒畅，脉搏增强，促进血液循环，做到放血完全，延长鹅肉的保存时间。可以在通道上设置数排淋浴喷头，在经过时完成淋浴；也可在通道上设置人造浅水池，任其走过，达到清洗目的。

☞ 125. 肉仔鹅屠宰加工程序怎样？

屠宰加工有多种方法，但是不论采用何种方法，均要按照屠宰加工程序进行。一般屠宰加工程序是由宰杀沥血、浸烫褪毛、开膛取脏器和产品整理等工序组成。

第一是宰杀沥血。宰杀沥血是把活鹅杀死，采集鹅血产品的过程。在这个过程中沥血是主要的工作。沥血不仅能将鹅体内血液流出体外，使心脏停止跳动致死，把鹅血产品采集起来，而且沥血的程度直接影响鹅胴体及内脏的品质。如沥血干净，鹅胴体内无淤血、表面无淤血点，白净、外观美，肉的品质好，有利于市场销售。目前有 3 种宰杀沥血的方法：一是颈部宰杀沥血法；二是口腔宰杀沥血法；三是颈静脉宰杀沥血法。这 3 种方法的主要区别是放血的方式不同。颈部宰杀沥血法是我国传统的宰杀方法，应用比较普遍。具体做法是：操作人员将活鹅倒挂在屠宰架上，把鹅保定好，用一只手握住鹅头后颈部，另一只手用刀将鹅颈部两侧血管和气管割断，让血从割断的静脉血管中流出，沥血 2～3 min 死亡。这种方法鹅死亡快，但有时沥血不完全，颈部不完整，刀口易污染，白条欠美观。口腔宰杀沥血法又称舌根静脉放血法，具体做法是：操作人员将倒挂在屠宰架上的活鹅保定好，用双手将鹅嘴解开，另一个人用剪刀将舌根两侧静脉剪断，使血流出，沥血 3～4 min 致其死亡。此法颈部完整美观，但操作难度大，有时沥血不净，一般不常用。有的在做扒鹅时采用此法。颈侧静脉宰杀沥血法的具体做法是：操作人员将倒挂在屠宰架上的活鹅保定好，用一只手抓握头后颈部，两手配合摸准两侧静脉，用一只手固定住，并使静脉隆起，用另一只手将较粗的空心针头插入两侧静脉管内，使血液从空心针头流出，沥血 4 min 左右死亡。此法沥血干净，皮肤完整美观，内脏干净无淤血。宰杀沥血虽然有几种方法，但在实际应用中，要根据产品用途及便于操作人员操作而决定，不能强求统一。

第二是浸烫褪毛。浸烫褪毛是用热水浸烫沥血后的鹅体，脱去鹅体周身羽绒的过程。具体做法是：将适度适量的热水放在较大的容器里，把沥血后的鹅体放入热水中，翻动数次，浸泡 1～2 min，使鹅体周身着水并使热水浸透羽绒，拿出来趁热用手工或机械把周身的羽绒拔下来，再人工拔净体表的细毛及毛茬，并用温水冲洗数次，洗净皮肤表面血迹、油脂及皮膜等。应用浸烫法需注意的是：一要掌握好水温。一般情况下水温应控制在 60～80℃。水温与鹅品种、日龄、气温均有关，如肉仔品种要比绒用品种所需水温偏低；日龄短要比日龄长的鹅需用水温低些；冬季气温低，要比其他季节需用水温高些。总之，要严防水温过高烫熟皮肤，也要防水温过低拔羽绒不干净，影响胴体质量。二要防止拔取羽绒时扯破皮肤，应顺着羽绒拔取，勿逆方向进行。在拔取翅毛和腿毛时，要随关节转动，防止折断翅骨或腿骨，影响产品质量。

第三是开膛取脏器。开膛取脏器是分离胴体与内脏产品的过程，即将屠体体腔中的内脏去除，剩下净膛的白条鹅或光鹅的过程。目前有3种开口方法:一是腹部开口取脏法,二是翅下开口取脏法,三是背部开口取脏法。腹部开口是一种较为普遍采用的方法,具体做法是:操作人员将鹅体背向下腹向上放在平台上,用刀从腹部的中线肛门边开口,勿割破肛门及肠管,然后沿腹中线向上延伸8 cm左右,将腹肌割透。用手分开取出内脏。翅下开口的做法是:操作人员将屠体腹向下放在平台上,将屠体的右翅翻起,在右翅下用尖刀在肋下垂直下刀,切口深3 cm左右,顺肋延伸8 cm左右,形成月牙形开口,在月牙下推断左有两根肋骨,用食指深入内腔摘取内脏。背部开口法应用较少,但在取肝时可用此法。做法是:以最后胸椎为起点,沿背中线向后到尾根部切开皮肤肌肉及骨骸,然后从起点再从左右最后一根肋各延伸8 cm左右,形成丁字形开口,解开,先取出肝脏,再取其他内脏。此法要特别注意的是,用尖刀时勿将内脏刺破,尤其要注意肝脏完好无损。摘取内脏所采用的方法应依据产品用途及销售的要求而定。但不论采用何种方法,均应注意保持产品的完整无损,特别是在开口的过程中要掌握好分寸,严防损伤内脏。

第四是产品整理。屠宰加工的过程就是产品的采集和整理的过程。产品的整理就是要按照屠宰加工程序,对所获得的产品分门别类进行整理,以便提高产品的商品率。产品整理方法要按产品的用途而定。一是鹅血的整理。鹅血有多种用途,因其容易腐败变质,应按用途及时处理。如食用,在采集血液过程中应加入适量食盐,屠宰后应及时加工,可加工成血豆腐或血肠,供食用。如果是用于制药工业,屠宰后及时送制药厂加工。如果是用于饲料加工,应立即晾干或烘干。二是羽绒的整理。羽绒的整理比较复杂,主要是把不同用途的羽毛分别整理出来。如两翼的刀翎是做羽毛球的好材料,应单独整理存放。两翼的正副飞翔羽还可做羽毛扇、羽毛画及羽毛工艺品等,也应单独整理存放。此外还有水毛、尾毛等大羽毛,也应单独整理。其他羽绒含水量大,应晾晒或甩干去掉多余水分。三是鹅胴体的整理。开膛取出内脏后的胴体，首先应放在清水中浸泡 30 min 左右，去掉内膛血水，洗净内膛和体表，擦净皮膜，存放待用。如果整体出售，就要整形包装，速冻冷藏。整体出售若是全净膛白条，除留肺与肾以外，其余全部内脏取掉气管、食道、腕、肠、肝、胆、胰、脾、心、肛门、生殖器等；半净膛白条，除肺、肾、肝、心、腕之外，其余去掉，但是要去掉肠内容物和角质膜。如果分割出售，就要按部位分割，分别包装，速冻冷藏。白条鹅(光鹅)的分级标准不统一，有的要求外表光洁，无羽毛残留，表皮无破损，重量在 2.1 kg 以上的为一级，重量在一级以下、1.6 kg 以上的为二级。四是鹅体及内脏的分割和整理。在分割鹅过程中，鹅体的一些副产品和内脏器官需分别加工。①心。去心包，挤血凝块，水洗。修伤斑，擦干。若单独出售应单独包装，速冻冷藏；若随半净膛白条出售，清洗后放入腹腔内，随白条速冻冷藏。②肝。去胆，修整(即胆部位和结缔组织)，擦干血水。一般将摘胆后的肝放入白条腹腔内，随白条速冻冷藏，也可单独出售。③肫。去腺胃，去脂肪和结缔组织，开剖，去内容物，水洗，去肫皮，去伤斑和杂质，擦干。注意在开刀摘除内容物和角质膜时，应横着开口，保持两个肌肉块的完整，提高利用价值。因肫的售价是白条的 2 倍多，最好是单独包装出售。④肠。去肛门，去脂肪和结缔组织，去内容物，去盲肠和胰脏，水洗，去伤斑和杂质，晾干。整理鹅肠应去掉肠油，并将内外冲洗干净，单独包装，速冻冷藏。鹅肠过去是废物，现在比鹅肉价还贵。⑤头。去毛，去嘴角皮，水洗口腔，擦干。⑥颈。去毛，去斑痕和杂质，清除残留食管和气管，水洗，擦干。⑦爪。去脚皮，去脚壳，修整，去伤斑和杂质，水洗并擦干。⑧翅。去残留羽毛，修整，去伤斑和杂质，水洗，擦干。五是其他物品的整理。胆和胰脏冲洗干净单独包装，可供制药厂加工成药用物质。其他物可收集到一块，供饲料加工厂加工成饲料用。在屠宰加工过程中，鹅的各类产品的整理，是提高原料产品质量和效果的主要措施,应下功夫把这项工作抓好。

☞ 126. 屠宰加工方法有哪些?

(1)人工屠宰加工方法。主要是指在屠宰加工过程中,采集和整理鹅的产品。是人借助简单的设备和工具以手工操作完成的,具体做法要按屠宰加工程序进行。

①宰杀沥血。操作人员将接血用具放在屠宰架下,抓住活鹅倒挂在屠宰架上,并把鹅保定好,用一只手握住鹅的头后颈部,用另一只手持快刀将鹅颈部静脉和气管割断,使鹅血流入接血用具内,沥血数分钟即死。使用屠宰架主要是减轻屠宰人员的劳动强度,节约劳动力,利于保定鹅只,也有利于提高屠宰效率。

②褪毛。具体做法是用锅炉或大锅烧足开水,将开水倒入浸泡鹅体的大缸里,达到适宜的水温。将沥完血的鹅先拔去两翼大羽,放入调好水温的缸中,使水浸过鹅体,盖上盖焖 1 min 左右,拿出来就可拔取周身的羽绒。如果多放几只,一定要上下左右翻转,使每只鹅体受水受热均匀,焖 1 min 拿出,拔取周身的羽绒。如果开始没有拔取两翼大羽,浸烫后应先拔取两翼的大羽,然后拔取体羽。拔羽绒时,不要贪多,防止拔破皮肤。拔取羽绒后,用温水冲洗体表,镊净小毛和毛茬,擦去皮膜,放入水池浸泡。

③开膛。具体做法是将洗好的鹅屠体放在平台上,操作人员从屠体腹中线脏门边开口,沿腹中线延伸 8 cm 左右,害破腹肌,掰开取出内脏。按照加工程序的要求,将各种内脏分别摘取,冲洗干净,分别包装,保存出售。

④宰后整理。人工屠宰加工应及时随屠宰随整理产品。产品的整理主要是羽绒的整理费工费时间。羽绒不仅种类多,而且因水烫而含有多余水分,需经过晾晒或甩干。晾晒时要注意将羽绒装在透水透气的袋中,或用网罩罩住,防止绒羽随风飘落。

(2)机械化屠宰加工方法。肉鹅的机械化屠宰加工是科技进步和社会发展的必然趋势，也是肉鹅的养殖及其产品开发必不可少的重要环节。因为在市场经济条件下，必须要提高产品质量，降低产品成本，扩大生产规模，否则就无竞争能力，就会被市场经济所淘汰。随着养鹅业产业化的发展，鹅的屠宰加工必须实现机械化。屠宰加工机械化作业应按照屠宰加工程序进行设计和实施，使各类产品达到或超过规定的质量标准。肉鹅机械化屠宰加工工艺流程如下：活拔大翎羽毛→电晕上勾→宰杀沥血→蒸汽烫毛→打毛机褪毛→石蜡褪毛→清洗→开膛取内脏→分割各类产品。

①宰前拔毛。屠宰前应将两翼的刀铺、乌铺、尾毛及分水毛等大翎毛采集下来，分别包装出售。否则经打毛机脱下的大翎羽毛，会使羽片受到破坏，变为废料。另外，经打毛机褪毛后，这部分大翎羽无法挑拣出来，会影响羽绒质量。

②击晕宰杀。主要是防止鹅在悬挂输送中活动，起到保定鹅的作用，这样有利于宰杀沥血。在宰杀沥血过程中应在输送链下放接血槽，将鹅血收集起来，进行加工利用。

③蒸汽褪毛。据人工屠宰蒸汽烫羽试验，证明其比热水烫羽使鹅体受热均匀，在短时间能够烫透羽绒内层，很容易把羽绒拔下来，且蒸汽烫羽设备体积小，浸泡时间短，能更好地保证羽绒的质量。打毛机褪毛不论是立式打毛机或是卧式打毛机，均应有接羽绒的装置或设备，严防绒羽随水流失。打毛机褪毛应采用喷淋褪毛，因为鹅体经汽烫，本身带有的水分不多，打毛机转动时，褪毛棒与鹅体干搅，容易损伤羽绒或皮肤，而且也脱不干净，会留有更多的毛茬。喷淋的作用是缓冲鹅体与褪毛棒的摩擦，另外，在打毛机内不断喷淋，使鹅体褪毛比较干净，体表也清洁。喷淋应用热水，水温以50℃左右为好。

④石蜡褪毛。石蜡褪毛是利用石蜡溶液遇冷凝固的原理脱去绒毛及毛茬。鹅的羽绒比较难脱，人工拔羽后，还需用镊子拔去纤羽和毛茬，机械褪毛更是难以脱净。为弥补这一缺陷，可增加石蜡

褪毛这道工序。比较理想的是采用石蜡与松香按一定比例配成的混合液，不仅可以脱去纤羽和毛茬，还能脱去体表的老皮，使屠体表面干净洁白，提高胴体质量。

☞ 127．怎样检验鹅肉新鲜度？

肉鹅肉新鲜度检查，主要是判断鲜鹅肉、分割肉及解冻肉的新鲜程度和利用价值。它是以测定肉腐败的分解产物及所引起的外观变化和微生物的污染程度作为依据的。

感官检查　这是依靠人的感觉器官进行检查，方法简单易行，宜作现场初步检查。但是，感官检查只有在肉已深度腐败时才能被察觉，并且不能反映出腐败分解产物的客观指标。

细菌污染度检查　由于肉的新鲜度降低主要是细菌繁殖的结果，因而直接测定肉的细菌污染情况，不但比感官检查更客观地判定新鲜度，而且能反映出生产、贮藏、运输、销售中的卫生状况。检查通常包括3个方面。

(1)细菌数测定。用棉拭法采样，平板倾注法作细菌计数，当细菌数超过每平方厘米5 000万个时，感官上即出现腐败征候。

(2)涂片镜检。据表层和深层肌肉的球菌和杆菌的分布情况及数量，大体判断肉的新鲜度。新鲜肉涂片或触片看不清痕迹，染色不明显，表面肌肉可见到少数几个球菌和杆菌，深层见不到细菌。次鲜肉触片稍有痕迹，易着色，表面肌肉可见到每个视野有20～30个球菌、几个杆菌，深层有不到20个球菌和杆菌。不新鲜肉触片污痕重，着色浓，表层有大量球菌、杆菌，严重时不可计数，深层有30个以上，杆菌占优势。

(3)色素还原试验。根据细菌生命活动产生还原酶类能使指示剂变色的原理，间接测定污染程度。

(4)生物化学检查。这是以生化方法寻找蛋白质、脂肪的分解产物，进行定性、定量分析。测定项目较多，常用的项目如硫化氢试验、酸度——氧化力测定、挥发性盐基氮测定、挥发性脂肪酸测定等。我国国家标准规定进行挥发性盐基氮的测定，每100 g中的含量等于或小于13 mg为一级鲜度，等于或小于20 mg为二级鲜度。此外，对于加工者来说，活鹅屠宰的鹅肉与死鹅屠宰的鹅肉，质量与利用价值相差很大，必须鉴别后分别利用。

☞ 128．鹅熟食制品的加工方法有哪些？

鹅胴体的熟食加工是指利用鹅的胴体加工成各类不同色、香、味的熟制食品，包括鹅胴体的整体加工和分割块的加工。鹅胴体的整体加工是保持鹅胴体的完整，利用不同佐料及加工工艺，加工成不同风味的熟食制品，主要有烤鹅、熏鹅、卤鹅、盐水鹅等。

☞ 129．鹅肉的营养怎样？

我国养鹅的历史比较悠久，吃鹅是由来已久的习惯，全国各地的人都爱吃鹅。鹅肉经烹调加工成烧鹅、糟鹅、卤鹅、熏鹅、烤鹅和盐水鹅等，美味可口，尤其是鹅的脂肪肥而不腻，别有风味，因而鹅肉在我国的消费量相当可观。南方人素有吃鹅肉的习惯，现在鹅肉在北方也正逐步打开消费之门，对鹅肉的消费量猛增。鹅肉蛋白质含量高达22.3%，高于其他畜禽肉(鸭肉21.4%、鸡肉20.6%、牛肉18.7%、猪肉14.8%)，尤其是含有多种人体必需的氨基酸。鹅肉脂肪含量低，且多为人体所需的不饱和脂肪酸。鹅肉中还含丰富的人体所需要的钙、磷和铁。因此，当今营养学家普遍认为，鹅肉营养成分适合人体的营养需要，不会导致胆固醇增高，而且还能抑制癌病的发生和发展。

☞ 130．肉鹅场预防疫病的措施有哪些？

首先是选种。选择无病原感染、抗病力强、适应本地条件的优良肉鹅品种是鹅业生产的根本保证。养殖户或饲养场应从种源可靠的无病肉鹅场引进种蛋或雏鹅。因为有些传染病,如禽副伤寒、小鹅瘟等也可以从感染母鹅通过受精蛋或病原体污染的蛋壳传染给新孵出的后代,这些孵出的带菌(毒)肉雏鹅或弱雏,很容易大批发病死亡。即使外表健康的带菌肉雏鹅,在不良环境等应激因素影响下,也很容易致病或死亡。因此选择无病原污染的种蛋或肉雏鹅是提高肉雏鹅成活率的重要因素。由于大多数地区,从提高经济效益出发,只选留当年鹅做种,在从外地或外场引进肉鹅作为种用时,必须先要了解当地疫情,在确认为无传染病和寄生虫病流行的健康肉鹅群后方能引种,千万不能将发病鹅场或发病鹅群或是刚刚病愈的鹅群引入,尤其当前流行鹅副黏病毒病,一旦疫病带入种鹅场,后果不堪设想。因此引进肉鹅后应先隔离饲养,不能立即混入健康群。隔离 20 天后无任何异常,方可入群。以防止将病原体带入本场,有条件的饲养场或养殖户,最好坚持自繁自养。

其次是加强饲养管理、搞好环境卫生与消毒。具体地讲需要科学地饲养和管理,包括饲养密度、通风、光照、温度、湿度等。要给肉鹅尤其是肉雏鹅创造适宜的饲养环境,肉鹅舍(育雏室)的布局和结构要合理,采光、通风良好,温、湿度适宜,饲养密度不能太大。若育雏室温度高、饲养密度大、通风不良,则很容易引发呼吸道传染病和寄生虫病,如曲霉菌病、霉形体病、流行性感冒、隐孢子虫病等,温度低则易受凉导致消化不良或挤伤压死。同时注意饮用水要保持清洁,禁止饲喂霉变的饲料,不同日龄的肉鹅特别是肉雏鹅须与中年肉鹅、成年鹅分开饲养。在加强饲养管理的同时,搞好肉鹅舍及周围环境卫生也是预防疾病不可缺少的重要环节,因为肉鹅疾病的发生,在很大程度上都与外界环境条件密切相关,一些中毒病、寄生虫病和传染病,环境卫生状况将是直接影响疾病发生和发展的重要因素,环境清洁卫生,疾病发生的机会就少;反之环境污秽,则有利于病原体的滋生和疫病的传播。如肉雏鹅的曲霉菌病、球虫病就与垫草霉变或潮湿有关。因此肉鹅舍地面要注意防潮湿,并定时清理粪便和更换垫料,垫过的稻草要进行焚烧,不能晒后重复使用。清除的粪便和污物需堆积发酵,进行无害化处理,以减少病原体的污染。此外,饲养场还应做好经常性杀虫灭鼠工作,常见的蚊、蝇和双翅类吸血昆虫是多种寄生虫病和传染病的活的传染媒介,鼠类也是许多肉鹅传染病的传播媒介和传染源,它们在偷吃饲料时常以其排泄物污染饲料和食槽来传播疫病,如小鹅瘟、禽副伤寒等,因此要清除肉鹅舍周围的垃圾和杂物,铲除它们的藏身场所和滋生地,用物理和化学的方法杀虫灭鼠,在预防和扑灭传染病和寄生虫病方面具有重要意义。

再次是消毒。消毒是预防肉鹅疾病的一项重要措施,肉鹅饲养场,尤其种肉鹅场应具备必要的消毒设施和建立严格而切实可行的消毒制度,定期对饲养场、鹅舍的地面、土壤、粪便、污物以及用具等进行消毒,防止肉鹅疾病的继续蔓延。

☞ 131. 什么是物理消毒法?

清扫、洗刷、日晒、通风、干燥及火焰消毒等是简单有效的物理消毒方法,而清扫、洗刷等机械性清除更是饲养场和专业户使用最普遍的一种消毒法。肉鹅舍的地面和饲养场地的粪便、垫草及饲料残渣等通过清除和洗刷,就能使污染环境的大量病原体一同被清除掉,由此而达到减少病原体对肉鹅入侵的机会。但机械性清除一般不能达到彻底消毒的目的,还必须配合其他的消毒方法。太阳是天然的消毒剂,太阳射出的紫外线对病原体具有较强的杀灭作用,一般病毒和非芽孢性病原菌在阳光的直射下几分钟至几小时即可被杀死,如供肉雏鹅所需用的垫草、垫料以及洗刷过的用具等,使用前均要放在阳光下曝晒、消毒,作为饲料用的谷物也要晒干以防霉变,因为阳光的灼热和蒸发水分引起的干燥也同样具有杀菌作用。通风亦具有消毒的意义,在通风不良的肉雏鹅舍,最易发生呼吸道传染病。通风虽不能杀死病原体,但可以在短期内使舍内空气交换，减少病原体的数量，而火焰高温烧灼可以达到彻底消毒的目的，如患有鹅副黏病毒病、禽流感、小鹅瘟等传染病，其污染的垫草、粪便以及倒毙的尸体均可用火焰加以焚烧。

☞ 132．什么是生物热消毒法？

生物热消毒也是饲养场和专业饲养户常采用的一种方法。生物热消毒主要用于处理污染的粪便及垫草，将其运到远离鹅舍的地方堆积，在堆积过程中利用微生物发酵产热，使其温度达 70℃ 以上，经过一段时间（25～30 天）就可以杀死病毒、病菌（芽孢除外）、寄生虫卵等病原体而达到消毒的目的，同时可以保持良好的肥效。

☞ 133．什么是化学消毒法？

化学消毒剂的种类较多，如氢氧化钠（钾）、石灰乳、来苏儿、百毒杀、漂白粉、过氧乙酸、甲醛、消毒王、新洁尔灭等多种化学药品都可以作为化学消毒剂，而消毒的效果如何则取决于消毒剂的种类、药液的浓度、作用的时间和病原体的抵抗力以及所处的环境和性质。因此在选择时可根据消毒剂的作用和特点，选用对该病原体消毒力强，又不损害被消毒的物体，毒性小，易溶于水，在消毒的环境比较稳定，以及价廉易得和使用方便的消毒剂。有计划地对肉鹅场内生活的环境和用具等进行消毒。

☞ 134．什么是计划免疫接种？

有计划、有目的地对肉鹅进行免疫接种，是预防、控制和扑灭肉鹅传染病的重要措施之一。尤其对病毒性传染病如小鹅瘟、鹅副黏病毒病等疫病的预防措施中，免疫接种更具有关键性的作用。

首先是在健康鹅群中进行预防接种。在还没有发生传染病之前，为了防止某些传染病的发生，有计划地定期使用疫（菌）苗对健康鹅群进行预防免疫接种。预防接种通常使用病毒疫苗或细菌菌苗等生物制剂作为抗原激发免疫,常采用皮下和肌肉注射或者口服等不同的接种方法,接种后经过一定的时间(5～7天后)可获得数日的免疫力。为了做好预防接种工作,应对当地鹅各种传染病的发生和流行情况进行详细的调查了解,根据所掌握的情况,拟定预防接种计划,按计划中的免疫程序接种,尽可能做到只只接种。对新从外地调进尤其用于种用的青年肉鹅应及时补种疫苗,以提高肉鹅整体的防疫密度。在使用这些疫苗时,应按照说明书的要求进行接种,以避免和减少不必要的反应和损失。其次是在发生传染病时紧急接种。为了迅速控制和扑灭疾病的流行,而对疫群、疫区和受威胁地区尚未发病的肉鹅进行临时应急性免疫接种。实践证明,在疫区对小鹅瘟、鹅副黏病毒病、禽霍乱等传染病使用疫(菌)苗,进行紧急接种是切实可行的,对控制和扑灭传染病具有重要的作用。紧急接种除应用疫(菌)苗外,在肉鹅常应用高免血清进行被动免疫,而且能够立即生效,如小鹅瘟,应用抗小鹅瘟高免血清,能迅速控制该病的流行,即使对于正在患病的雏鹅群使用也具有良好的疗效。在疫区或疫群应用疫苗作紧急接种时,必须对所有受到传染威胁的鹅群进行详细观察和检查,对正常无病的肉鹅进行紧急接种,而对病鹅和可能已受到感染的潜伏期病鹅必须在严格消毒的情况下,立即隔离,观察或淘汰处理,不宜再接种疫苗。

☞ 135．免疫接种应注意什么?

接种疫苗前应注意了解当地有无疫病流行,如发现遭受感染的鹅群应首先采取紧急防疫措施,但是必须要在明确诊断的基础上,选择使用相应的疫苗或血清。此外,还应了解和检查被接种肉鹅群的健康状况、日龄、饲养条件、营养状态等。对日龄较小、体质较弱或有慢性病的肉鹅,如果没有受到传染威胁,最好暂缓接种,以免接种后引起不良反应。对于有严重寄生虫感染的肉鹅场,应先驱虫,对饲养管理差的肉鹅场,接种后应注意改善和加强,以确保防疫后能产生较强的免疫力。目前肉鹅使用的疫(菌)苗分活苗(弱毒疫苗,致弱菌亩)和灭活疫(菌)苗两种。不同性质的疫(菌)苗应按不同的规定温度保存。对致弱菌苗、灭活菌苗等要低温冷藏或放在干燥、阴暗的地方保存,防止冷冻、高温和阳光直射而失去效力,但弱毒疫苗必须冷冻保存。致弱菌苗和灭活菌苗在应用过程中也有不同的要求,如禽霍乱致弱菌苗在应用期间不能使用抗菌药物,否则会将致弱细菌杀死而失去作用,而灭活菌苗则相反。此外,在使用时如发现疫(菌)苗瓶破损,瓶签不清楚或没有瓶签,过期失效,制品的色泽和性状与说明书不符的均不能使用。在接种前注射器和针头应进行煮沸或高压消毒。吸取疫(菌)苗的针头要固定,切勿用刚注射的针头吸苗,防止整瓶苗受到污染。做到注射 1 只,换 1 个针头,避免通过针头传播病原体。冷冻的疫苗启封后,须当天用完,隔夜不能使用。在进行免疫接种时应注意,有一些外表正常的无病肉鹅场中,可能也混有潜伏期的病鹅(如鹅副黏病毒病),它们在接种鹅副黏病毒苗以后不能获得保护,反而会促使其更快地发病,因此,在接种后几天内鹅群发病数有增多现象。但一般在 1 周后发病数会明显下降,这是由于急性传染病的潜伏期较短,肉鹅接种后又很快产生抵抗力,并能使疫病的流行得到控制。除此之外,在紧急接种时,还应结合采用隔离、消毒等综合防疫措施。

☞ 136. 加强药物预防和定期驱虫的意义是什么?

应用药物进行预防也是一项重要的防疫措施,在饲料、饮水或添加剂中加入某种既安全可靠又价格低廉并有一定含量的抗菌药物或其他一些药物可以预防细菌性传染病和寄生虫病以及其他内科疾病的发生,对促进肉鹅的生长、增进肉鹅体质以及提高饲料的转化具有显著的效果。如用氟哌酸、土霉素等可以预防禽副伤寒和大肠杆菌等疾病的发生；红霉素可以预防霉形体；制霉菌素、克霉唑可以预防曲霉菌病；磺胺类药物可以预防和治疗禽霍乱、住白细胞虫病等疾病；克球粉、地克珠利等药物可以预防肉鹅球虫病；丙硫咪唑可以预防和治疗肉鹅矛形剑带绦虫病和前殖吸虫病；左旋咪唑可以预防鹅裂口线虫病和蛔虫病，另外在肉鹅注射疫苗后，添加适量的左旋咪唑还可以起着增强免疫力的作用。对于某些药物使用过量引发的疾病，往往可以通过添加某种药物得到纠正。如使用抗球虫药氨丙琳过量会产生短时间维生素 B_1 的缺乏，若在饲料中添加或补充适量的维生素 B_1，就可以避免缺乏，起到预防和治疗疾病的效果。此外还有一些肠道传染病和寄生虫病以及其他因素引起的肠道疾病，这些疾病的产生常引起鹅体内维生素 A 的缺乏，往往可以通过在饲料中添加维生素 A 得到预防和改善。但必须指出，任何一种药物或同一类型的药物的长期使用或使用过量，容易对肉鹅产生耐药性或不良反应，如痢特灵虽然对产蛋肉母鹅因大肠杆菌引起的卵黄性腹膜炎（蛋子瘟）具有良好的防治效果，但禽类对该药较为敏感，在使用时，要严格控制药物浓度和剂量，并且要搅拌均匀，同时连续使用时间不能超过 1 周，否则会引起药物过量中毒或蓄积中毒；磺胺类药物也不宜过量和使用时间过长，否则同样会引起不良反应。因此，在使用药物预防时，应根据药物的特性和临诊实际需要，选择不同类别的药物，对于细菌性传染病，有条件的要进行细菌分离培养，同时还要对分离的菌株进行药物过敏试验，以选用有针对性的和高度敏感的抗菌药物，更好地提高防治效果。

肉鹅饲养场和农村养鹅饲养户实施有计划地定期驱虫，是预防和控制鹅寄生虫病的一项有效措施，对于促进鹅群正常生长发育，保障肉鹅健康具有重要的意义。首先是肉鹅体表驱虫，应用药物或其他方法将肉鹅体内（或体表）的寄生虫驱除或杀灭，是饲养场和农村专业饲养户在生产实践中常用的有效方法。驱虫对于已发病的肉鹅具有治疗作用,对感染而未发病的肉鹅可以起着预防作用。其次是肉鹅体内的寄生虫包括绦虫、吸虫、线虫在内的寄生蠕虫和包括球虫、住白细胞虫等在内的寄生原虫。不同种类的寄生虫应选用相应的驱虫药物,通常选用高效低毒的驱虫药。如肉鹅的矛形剑带绦虫和肉鹅的前殖吸虫,常选用丙硫苯咪唑和吡喹酮。驱虫宜早不宜迟,要在肉鹅出现症状前驱虫,对于寄生蠕虫,正常情况下,放牧鹅群宜2个月驱一次虫。一些寄生虫病具有明显的季节性,这与寄生虫发育到感染期所需的气候条件、中间宿主或传播媒介的活动有关。因此各类寄生虫的驱虫时间应根据其传播规律和流行季节来确定,通常在发病季节前对肉鹅群进行预防性驱虫,如肉鹅肠道球虫病,发病季节与气温和湿度密切相关,其流行季节为4～10月份,其中以5～8月份发病率最高,在这个时期饲养雏鹅尤其要注意球虫病的预防。又如鹅裂口线虫病,据临诊观察发病季节为5～10月份,由于随粪便排出的虫卵在23℃及适当的湿度下几天内就发育成感染性幼虫,若肉雏鹅吞食受感染性幼虫污染的食物、水草或水时即遭受感染,因此,在温暖多雨潮湿的季节里特别要加强此类寄生虫病的预防。肉鹅体表的寄生虫寄生在肉鹅的皮肤和羽毛上,包括永久性寄生的羽虱、羽螨和暂时性寄生的蚊、蝇、库蠓等。驱杀肉鹅体外寄生虫,常用胺菊酯、溴氰菊酯、卡苄呋菊酯或敌百虫溶液等驱虫剂对肉鹅群体表进行喷雾,这对于永久性寄生的羽螨、羽虱可将其杀灭,而对于暂时性寄生的蚊、蝇、蠓等,由于它们白天栖息在鹅舍(棚)的角落里或鹅舍(棚)外面的草丛中,因此除了用驱虫剂对鹅体表喷雾,还应对鹅舍(棚)周围的环境进行喷雾驱杀。但值得提醒的是在配制驱虫药时,应注意药物的浓度,以避免鹅群发生中毒。第三是杀灭外界环境的寄生虫。除了驱杀肉鹅体内外的寄生虫,杀灭外界环境的寄生虫,尤其是粪便中的寄生虫也是预防寄生虫病的十分重要的措施。许多寄生虫的虫卵、幼虫、卵囊等病原体随肉鹅粪排出体外，污染环境，也会引起寄生虫病在鹅群中的传播和重复感染。因此鹅舍内清除的粪便必须放置在远离饲养场和水源的地方堆积发酵，进行无害化处理，利用生物热杀死寄生虫卵、卵囊和幼虫，以防止粪便中的病原体污染环境和引起重复感染。第四是消灭中间宿主。有些寄生虫如绦虫、吸虫等寄生蠕虫的传播，需要无脊椎动物中间宿主参与，临诊常见的如鹅矛形剑带绦虫病的发生就与肉鹅在吞食水草的同时吞食了生活在水中的中间宿主——剑水蚤有关，其发病季节在4～10月份，而在寒冷季节，剑水蚤停止繁殖或死亡，这类寄生虫病就明显减少。鹅前殖吸虫的传播与肉鹅采食水草时，吞食了中间宿主——蜻蜓幼虫。因此消灭中间宿主也是预防某些寄生虫病的必不可少的措施之一。消灭中间宿主常采用冬春季节干塘的方式或者在有中间宿主并遭受病污染的水沟、稻田等处撒布石灰等以杀死中间宿主和幼虫，中断它们的生活史，达到从根本上预防某些寄生虫病的目的。

☞ 137. 如何防止肉鹅中毒？

各种有害物质通过皮肤、消化道、呼吸道进入机体后，即使是少量的，也能使正常的生理机能受到破坏，引起器官和功能发生异常变化，甚至造成死亡，这一过程称为中毒。为了防止肉鹅中毒首先应禁喂有毒和霉变饲料，青饲料是发展养鹅业的物质基础。天然的牧草、野菜和种植的蔬菜以及某些树木的枝叶等都可以作为肉鹅的青饲料，能为肉鹅采食利用，但也有一部分如蕨菜、万年青等含有毒物质的植物，肉鹅采食后容易引起中毒，甚至死亡。受蚜虫和蝶类寄生的蔬菜，肉鹅采食后会发生口腔炎、肠炎，并引起神经麻痹。有些精饲料本身也含有毒物质，饲喂时必须加以调制，如棉子饼虽富含蛋白质，但未经蒸煮的棉子饼含游离的棉酚，毒性很强，当含量高于0.02%，就具有毒害作用，若饲喂时间过长或过量,就会引起中毒;储存时间长或变质的饲料中含有大量的粉螨,肉鹅食后常引起下痢,而霉变的饲料其霉菌和所产生的霉菌毒素对鹅尤其是肉雏鹅较为敏感,常能引起霉菌性肺炎和脑炎以及霉菌毒素中毒。含有黄曲霉毒素的饲料,若长期饲喂,可以引起胆管增生、肝硬化,以致引发肝癌。因此预防鹅群中毒,首先要禁止饲喂或采食各种有毒、有害的植物以及霉变的饲料。其次,合理放牧、防止化学毒物对肉鹅的危害。散放鹅群要防止化学毒物的危害,化学毒物包括未经处理或处理不当的工业生产中的废水、废气、废渣和农业生产中使用的化肥、农药,造成了空气、水源、饲料和土壤等环境的污染。这些环境中有毒有害的污染物对肉鹅群的危害程度取决于其毒物的性质、浓度和作用时间。当化学毒物大量污染环境时,并通过各种途径短时期进入肉鹅的机体内可引起其急性中毒,剧毒的常导致死亡,一些环境中有毒有害的污染物,虽然是低浓度的,但经过长期反复对机体的作用则产生慢性危害,如水中毒物的浓度在一般情况下不会很高,由于工业废水的不断排放,水源经常受到污染,而且肉鹅喜欢生活在有水源的环境中,即使水中含有较低量的毒物,通过长期饮用和接触,导致慢性疾病的发病率和死亡率增高。用污染的工业废水灌溉农田,也能对肉鹅产生间接危害,如电镀、塑料、油漆、电池及磷肥工业生产中排放的含镉废水灌溉农田,可使镉进入农作物子粒部分,若作为饲料喂肉鹅,可使镉在肉鹅体内蓄积,产生慢性中毒,造成贫血,使其生长发育受阻,产蛋率和受精率下降。同样肉鹅若误食喷洒了农药的蔬菜、牧草以及误食为防虫害而搅拌农药的谷物都会引起中毒,甚至死亡。一些农药如呋喃丹,在植物中残留的时间比较长,施药后两个月内的植物,肉鹅采食后仍可产生中毒。因此,饲养人员必须管理好放牧鹅群,防止鹅群误食喷洒农药的蔬菜、牧草和谷物。同时严禁到排放工业三废的地域去放牧,尽量避免和减少化学毒物对肉鹅产生的直接或间接的危害。第三,中毒肉鹅的救治。肉鹅一旦发生中毒，应查明原因，根据不同的毒物，采用相应的方法，及时地对中毒肉鹅进行救治，如对于有机磷农药中毒出现症状的肉鹅，应立即使用胆碱酯酶复活剂解磷定或氯磷定，每只肌肉注射1.2 mL(40 mg/mL)，以及应用抗胆碱药阿托品，每只肌肉注射0.5 mg；与此同时鹅群使用葡萄糖溶液饮服，以增强其肝脏的解毒功能。总之，对中毒肉鹅的救治，原则上采用对症对因治疗。

☞ 138. 怎样诊断鹅病？

通过掌握鹅的主要临床症状及表现的基本特征来诊断疾病，以此缩小疾病可能存在的范围，其要点大致从几个方面入手。

营养及精神状态。健康鹅群整体生长发育基本一致。如果整群生长发育偏慢，则可能饲料营养配合不全面或者因饲养管理不善所致。若出现大小不均匀，则表明肉鹅可能有慢性疾病存在。健康肉鹅站立有神，敏感性强，翅膀收缩有力，紧贴体躯，尾羽上翘，行走有力，采食敏捷，食欲旺盛。如果体温高，精神委顿，缩颈垂翅，离群独居，闭目呆立，尾羽下垂，食欲废绝，常见于临诊症状明显期的某些急性、热性传染病，如小鹅瘟、鸭瘟、鹅副黏病毒病、急性型禽霍乱；体温正常或偏高，精神差，食欲不振，临床上见于某些慢性传染病和寄生虫病以及某些营养代谢病，如慢性鸭瘟、慢性禽副伤寒，鹅绦虫病、吸虫病、硒或维生素 E 缺乏症等；精神委顿，体温下降，缩颈闭目，蹲地伏卧，不愿站立，临床上见于濒死期的病鹅。

运动行为。行走摇晃，步态不稳，临床上见于明显期的急性传染病和寄生虫病等，如鹅副黏病毒病、小鹅瘟、鹅球虫病以及严重的绦虫病、吸虫病等。两肢行走无力，并有痛感，行走间常呈蹲伏姿势，临床上见于肉鹅佝偻病或骨软症以及葡萄球菌关节炎等。两肢交叉行走或运动失调，肘关节着地，常见于雏鹅维生素 E 和维生素 D 缺乏症；两肢不能站立、仰头蹲伏呈观星姿势，临床上见于肉雏鹅维生素 B 缺乏症。两肢麻痹、瘫痪、不能站立，常见于肉雏鹅维生素 B 缺乏症。

神经和呼吸情况。扭颈，出现神经症状，临床上见于某些传染病如鹅副黏病毒病、小鹅瘟、雏鹅霉菌性脑炎、禽李氏杆菌病、肉鹅螺旋体病等，亦可见于某些中毒病和某些营养代谢病，如痢特灵中毒、维生素 A 缺乏症、维生素 B 缺乏症等。呼吸情况有气喘、咳嗽、呼吸困难，临床上见于某些传染病，如鹅曲霉菌病、禽李氏杆菌病、禽链球菌病、鹅流行性感冒、禽霉形体、大肠杆菌病等，也可见于某些寄生虫病，如鹅支气管杯口线虫病。

叫声与被毛情况。健康肉鹅叫声响亮，而患病鹅则叫声无力。若叫声嘶哑，临床上见于肉鹅疾病晚期的病例，如慢性鸭瘟、流行性感冒、结核病、禽流感以及副黏病毒病等，也见于某些寄生虫病，如寄生在肉鹅气管内的舟形嗜气管吸虫病以及寄生在鹅气管和支气管内的支气管杯口线虫病。羽毛是肉鹅皮肤特有的衍生物，具有保温、散热、防水及防止外界损伤的作用。健康的成年肉鹅羽毛紧凑、平整、光滑。若羽毛蓬松、污秽、无光泽，临床上见于慢性传染病、寄生虫病和营养代谢病，如禽副伤寒、大肠杆菌病、鸭瘟、慢性禽霍乱、鹅绦虫病、吸虫病、维生素 A 和维生素 B_1 缺乏症等。羽毛稀少，常见于烟酸、叶酸缺乏症，也可见于维生素 A 和泛酸缺乏症。羽毛松乱或脱落，临床上见于肉鹅 B 族维生素缺乏症和含硫氨基酸不平衡。头颈部羽毛脱落见于泛酸缺乏症。羽毛脱落也可见于 70～80 日龄肉鹅的正常换羽引起的掉毛。羽毛断裂或脱落多见于肉鹅外寄生虫病，如羽毛虱和羽螨。

外观变化。腹围增大，临床上见于肥育仔鹅的腹水综合症，腹围缩小，常见于慢性传染病和寄生虫病，如慢性禽副伤寒、慢性鸭瘟、鹅裂口线虫病、鹅绦虫病等疾病。

剖检变化。肝脏肿大、硬化，表面粗糙不平或有白色针尖状病灶，临床上见于慢性黄曲霉毒素中毒、肝脏萎缩、硬化，多见于腹水症晚期的病例和成年肉鹅的黄曲霉毒素中毒，肝脏肿大，有结节状增生病灶，则见于成年肉鹅的肝癌。肝脏肿大，表面有纤维蛋白覆盖，临床上见于衣原体病、大肠杆菌病等。肝脏肿大，呈淡黄色脂肪变性，切面有油腻感，多见于脂肪肝综合症，也见于维生素E缺乏症和鹅流行性感冒以及住白细胞虫病。肝脏呈深黄色或淡黄色，常见于1周龄以内健康的雏鹅，也见于1年以上健康的成年鹅。脾脏肿大，表面有大小不等的肿瘤结节，临床上见于淋巴白血病(有的脾脏大如鸽蛋)。脾脏有灰白色或黄色结节则见于成年鹅结核病。脾脏肿大，有坏死灶或出血点，临床上见于禽霍乱、禽副伤寒、衣原体病以及鹅副黏病毒病和鹅流行性感冒等。脾脏肿大，表面有灰白色斑驳，常见于禽李氏杆菌病、淋巴白血病、大肠杆菌败血症、螺旋体病、禽副伤寒等。胆囊、胆管寄生于肉鹅胆管内的寄生虫，临床上见于后睾吸虫。胆囊充盈肿大，临床上见于急性传染病，如禽霍乱、禽副伤寒、小鹅瘟、鸭瘟等，也见于某些寄生虫病，如肉鹅的后睾吸虫病。胆囊缩小，见于慢性消耗性疾病，如鹅绦虫病、吸虫病等，胆汁浓呈墨绿色，常见于急性传染病。胆汁少、色淡或胆囊黏膜水肿，见于慢性疾病，如严重的肠道寄生虫感染和营养代谢病。肾脏、输尿管肾脏肿大、淤血，临床上见于禽副伤寒、链球菌病、螺旋体病、鹅流行性感冒等，也见于食盐中毒和痢特灵中毒。肾脏显著肿大，有肿瘤样结节，临床上见于淋巴白血病，也偶见于大肠杆菌引起的肉芽肿。肾脏肝大，表面有白色尿酸盐沉着，输尿管和肾小管充满白色尿酸盐结晶，是内脏型痛风的一种常见病变，也见于禽副伤寒、肉鹅肾球虫病、维生素A缺乏症、磺胺药中毒以及钙、磷代谢障碍等疾病。输尿管结石，临床上多见于痛风以及钙磷比例失调。肾脏苍白，临床上见于肉雏鹅的禽副伤寒、住白细胞虫病、严重的绦虫病、吸虫病、球虫病以及各种原因引起的内脏器官出血等。卵子形态不整、皱缩干燥和颜色改变及变形、变性，临床上常见于禽副伤寒、大肠杆菌病，也偶见于慢性禽霍乱等。一侧或两侧睾丸肿大或萎缩，睾丸组织有多个小坏死灶，临床上偶见于公鹅沙门氏菌感染。睾丸萎缩变性则见于维生素E缺乏症。阴茎脱垂、红肿、糜烂或有青绿豆大小的小结节或者坏死结痂，临床上多见于鹅大肠杆菌病，也见于淋球菌病，有时也见于阴茎外伤感染所致。食道黏膜有许多白色小结节，临床上见于维生素A缺乏症。食道黏膜有白色假膜和溃疡（口腔、咽部均出现），临床上见于白色念珠菌感染引起的霉菌性口炎。食道下段黏膜有灰黄色假膜、结痂，剥去假膜可出现溃疡，常为鸭瘟特征性的病变。食道下段黏膜有出血斑，也见于鹅呋喃丹中毒。寄生在肌胃内的寄生虫有鹅裂口线虫。腺胃黏膜及乳头出血，临床上见于鹅副黏病毒病，亦见于禽霍乱。腺胃与肌胃交界处有出血点，则见于螺旋体病。肌胃内较空虚，其角质膜变绿，常见于慢性疾病，多为胆汁返流所致。肌胃角质溃疡（尤其在肌胃与幽门交界处），临床上常见于鹅裂口线虫病。肌胃角质层易脱落，角质层下有出血斑点或溃疡，临床上见于鹅副黏病毒病、鸭瘟、禽李氏杆菌病、住白细胞虫病。剖检时要注意肠道蠕虫寄生的位置及虫体的数量。寄生于鹅肠道的寄生蠕虫有绦虫、吸虫和线虫。剑带绦虫、膜壳绦虫、蛔虫、棘口吸虫寄生于十二指肠和空肠；纤细背孔吸虫和异刺线虫寄生于盲肠，也见于卷棘口吸虫寄生于盲肠，前殖吸虫多寄生于直肠，有时也见于纤细背孔吸虫寄生于直肠。小肠肠管增粗、黏膜粗糙，生成大量灰白色坏死小点和出血小点，临床上见于鹅球虫病。小肠黏膜呈急性卡他性或出血性炎症，黏膜深红色或有出血点，肠腔有多量黏液和脱落的黏膜，临床上见于急性败血性传染病，如禽霍乱、禽副伤寒、禽链球菌病、大肠杆菌病等，以及早期的小鹅瘟病变，也见于某些中毒病如呋喃丹中毒、氟乙酰胺中毒等。肠道黏膜出血，黏膜上有散在的淡黄色覆盖假膜结痂，并形成出血性溃疡，临床上见于鹅副黏病毒病。肠壁生成大小不等的结节，这种病灶临床上见于成年鹅的结核病。肠道黏膜坏死，常见于慢性禽副伤寒、坏死性肠炎、大肠杆菌病，以及维生素 E 缺乏症等。肠管某节段呈现出血发紫，且肠腔有出血黏液或暗红色血凝块，临床上见于肠系膜疝或肠扭转。肠管膨大，肠道黏膜脱落，肠壁光滑变薄，肠腔内形成一种淡黄色凝固性栓塞，临床上见于典型的小鹅瘟病变。盲肠内有凝固性栓塞，临床上见于慢性禽副伤寒。盲肠黏膜糜烂，临床上见于雏鹅的纤细背孔吸虫病。盲肠出血，肠腔有血便，黏膜光滑，临床上见于磺胺药中毒。胰腺肿大、出血或坏死、滤泡增大，临床上见于急性败血性传染病，如禽霍乱、禽副伤寒、大肠杆菌败血症等，也见于某些中毒病，如鹅氟乙酰胺中毒、敌鼠钠盐中毒、呋喃丹中毒等。胰腺出现肉芽肿，则见于大肠杆菌、沙门氏菌引起的病变。胰腺萎缩，腺细胞内空泡形成，并有透明小体，临床上见于维生素 E 和硒缺乏症。盲肠扁桃体肿大、出血，临床上见于某些急性传染病和某些寄生虫病，如禽霍乱、禽副伤寒、大肠杆菌病、鹅副黏膜病毒病、鸭瘟、鹅球虫病等。腔上囊内的寄生虫，多为前殖吸虫。腔上囊肿大、黏膜出血，临床上见于某些传染病和寄生虫病，如鸭瘟、隐孢子虫病、前殖吸虫病，有时也偶见鹅副黏病毒病、严重的绦虫病等。腔上囊缩小，临床上见于营养缺乏症。小脑软化、肿胀、有出血点或坏死，临床上见于肉雏鹅维生素 E 缺乏症。脑及脑膜有淡黄色结节，常见于肉雏鹅曲霉菌感染。大脑呈树枝状充血及有出血点，并发生水肿或坏死，临床上见于肉雏鹅脑型大肠杆菌病和沙门氏菌病。甲状旁腺肿大，临床上见于缺磷、缺钙及缺乏维生素 D 引起的雏鹅佝偻病和成年肉鹅的软骨症。后脑颅骨软薄，临床上见于雏鹅佝偻病和肉雏鹅维生素 D 缺乏症；胸骨呈 S 状弯曲，肋骨与肋软骨连接部呈结节性串珠样，常见于缺钙、缺磷或缺乏维生素 D 引起的雏鹅佝偻病或者严重的绦虫病感染而导致的鹅骨软症。趾骨软，易折，常见于佝偻病、骨软症，也见于肥育仔鹅饲喂含氟磷酸氢钙造成的骨质疏松。关节肿胀、关节囊内有炎性渗出物，常见于雏鹅葡萄球菌、大肠杆菌、链球菌感染，也见于鹅慢性禽霍乱。关节肿大、变形,临床上见于雏鹅佝偻病和生物素、胆碱缺乏症,以及锰缺乏症等,也见于关节痛风。

☞ 139. 肉鹅常见的病毒性疾病有哪些?

(1)小鹅瘟。小鹅瘟是由鹅细小病毒引起雏鹅的一种急性或亚急性败血性传染病。临诊特征表现为精神委顿、食欲废绝、严重泻痢,有时呈现神经症状;主要病变为渗出性肠炎,小肠黏膜表层大片坏死脱落,与渗出物形成凝固性栓子,堵塞肠腔。本病主要侵害20日龄以下的雏鹅,具有高度的传染性和死亡率,是危害养鹅业最大的疫病。

(2)鸭瘟病。鸭瘟俗称大头瘟,又名鸭病毒性肠炎,是鸭的一种急性败血性传染病。鸭瘟的致病力较强,肉鹅在与病鸭密切接触也会感染致病。其主要临诊和病理特征为发高热、流泪、两脚麻痹无力,排绿色稀粪,常见病鹅头颈部肿大,食道黏膜有灰黄色坏死假膜或出血溃疡,泄殖腔黏膜出血或坏死。该病发病率和死亡率均较高,一旦鹅群感染发病后,能迅速传播,引起大批死亡,给鹅肉生产造成巨大的经济损失,本病也是养鹅地区一种重要的病毒性传染病。因此也应注意鹅群鸭瘟的预防。

(3)鹅病毒性肝炎。肉鹅病毒性肝炎是雏鹅的一种急性、病毒性传染病。病原是腺病毒,主要在肝细胞内形成包涵体。含有包涵体的细胞核,可肿大到2倍以上。主要发病在孵化季节。外界环境常是引起本病的诱因。预防本病除在雏鹅5日龄以内注射肝炎疫苗外,还应注意加强饲养管理,消除一切降低机体抵抗力的因素。

(4)禽流感。禽流感全称为禽流行性感冒,是由A型流感病毒引起多种家禽和野禽感染的一种传染性综合症。鹅、鸭、鸡等家禽以及野生禽类均可发生感染,在禽类,对鸡尤其是火鸡危害最为严重,常引起感染致病,甚至导致大批死亡,有的死亡率可高达

100%，鹅亦能感染致病或死亡，产蛋鹅感染后，可引起卵子变性，产蛋率下降，产生卵黄性腹膜炎和输卵管炎。世界上许多国家和地区都曾发生过本病的流行，给养禽业造成巨大的经济损失。是严重危害禽类的一种流行性病毒性疾病。

(5)肉鹅传染性法氏囊病。肉鹅传染性法氏囊病是由法氏囊病毒引起的肉雏鹅的一种急性败血性传染病。临床剖检以全身肌肉出血，法氏囊肿大出血为主要特征。为预防鹅法氏囊病的发生，应注意不要鹅、鸡进行混养，定期进行圈舍消毒。

(6)肉鹅副黏病毒病。鹅副黏病毒是肉鹅的一种以消化道症状和病变为特征的急性传染病。本病对肉鹅危害较大，常引起大批死亡，尤其是雏鹅死亡率可达95%以上。给肉鹅业造成巨大的经济损失，是目前鹅病防治的重点。目前尚无特殊的药物治疗。在流行地区对健康鹅群预防接种鹅副黏病毒油乳剂灭活苗，10～14日龄雏鹅每只肌肉注射0.3 mL，青年鹅或成年鹅每只肌肉注射0.5 mL，具有良好的保护作用，可以控制本病的发生和流行。

☞ 140. 肉鹅有哪些常见的细菌性疾病？

(1)肉鹅巴氏杆菌病。肉鹅巴氏杆菌病，又称肉鹅霍乱或肉鹅血性败血症，是由禽多杀性巴氏杆菌引起肉鹅的一种急性、败血性传染病。临床特点为急性死亡，恶性下痢，剖检以全身实质器官的出血为特征。预防本病应加强科学饲养管理，搞好环境卫生，保持鹅舍的干燥通风；提高肉鹅的体质，在饲养中还要定期投服药物进行预防。

(2)副伤寒。副伤寒是由沙门氏杆菌引起的一种对肉雏鹅危害较大的疾病。临床表现为腹泻、结膜炎和消瘦等症状，成年鹅呈慢性或隐性感染。由于沙门氏菌亦可以从种蛋传染给下一代，所以对于种鹅必须要求健康无病，慢性病鹅要及时淘汰。孵化中要注意严格消毒(用福尔马林熏蒸)种蛋和孵化器。饲养中尤其应注意雏鹅和成年鹅分开饲养,以防止相互传染。育雏室在严格消毒的条件下,方能放入小鹅。对于小鹅应注意温度、湿度、通风、密度等条件,一般在出壳3天内长途运输、疲劳、饥饿、拥挤、温度过低、圈舍潮湿、空气污浊或饲料和饮水不卫生等,都可诱发本病。因此,在肉雏鹅饲养的前3天应该注意在饲料和饮水中添加抗菌药物进行预防。

(3)肉鹅大肠杆菌病。本病是由致病性大肠杆菌引起的肉鹅的一种原发性或继发性传染病,临诊以脐炎、眼结膜炎、气囊炎、心包炎、败血症、肉芽肿及输卵管炎等为特征。大肠杆菌属条件致病菌,各种日龄的鹅均可感染发病,是鹅的一种较为常见的疾病。临床上主要见于肉雏鹅。要做到种蛋及孵化器的消毒工作,防止种蛋被粪便污染。对各种日龄的鹅要加强饲养管理,注意鹅舍的通风,保持垫料的干燥、清洁,以及控制鹅群的饲养密度等,以提高鹅群机体的抗病能力。发病鹅群应用抗菌药物如氟哌酸、环丙沙星、强力霉素及庆大霉素等进行防治,均有较好的疗效。

(4)禽葡萄球菌病。葡萄球菌病是由金黄色葡萄球菌引起鹅、鸭等多种家禽的一种环境性传染病。主要以脐炎、败血症、关节炎为主要特征,呈急性或慢性经过,细菌对家禽的致病力较强,不同日龄的肉鹅均可感染致病,但临床上则多见于肉雏鹅,发病后常引起死亡。本病也是危害肉鹅生产的一种常见的细菌性疾病。本菌广泛存在于自然界,在鹅舍及其周围环境、饲料、饮水和排泄的粪便中以及鹅体表和蛋壳表面都能分离到病原菌。本病的传染途径主要通过创伤感染,也可以通过直接接触和空气传播,还可以通过入孵种蛋传播疾病,病原菌污染种蛋经蛋垂直传播应用氟哌酸、环丙沙星、氯霉素等抗菌药物饮水或拌料具有良好的防治效果。注意饲料中添加多维素和微量元素,以提高鹅体的抗病能力。

☞ 141. 肉鹅常见的原虫病有哪些?

(1)球虫病。肉鹅球虫病是危害雏鹅的一种寄生虫病。本病在欧美一些国家常有发生,我国沿江和太湖流域的养鹅地区也时有暴发。主要发生于肉雏鹅,发病日龄愈小,死亡率愈高,能耐过的病鹅往往发育不良、生长受阻,对养鹅业危害极大。

(2)隐孢子虫病。隐孢子虫病是危害禽类的一种寄生虫病,能引起鸭、鹅及其他禽类剧烈的呼吸道症状,并发生死亡。不同种类的家禽和野禽均发生感染,其中以鸡、火鸡和鹌鹑感染发病最为严重。水禽则以鸭感染最严重。对鸭、鹅等禽类产生危害的是贝氏隐孢子虫。

☞ 142. 肉鹅有哪些营养代谢病?

(1)维生素 A 缺乏症。维生素 A 对于肉鹅的正常生长发育和保持黏膜的完整性以及良好的视觉都具有重要的作用。肉鹅多因日粮中维生素 A 供给不足或机体吸收障碍而引起维生素 A 缺乏症。主要表现为生长发育不良,器官黏膜损害,上皮角化不全,视觉障碍,肉种鹅的产蛋率、孵化率下降,胚胎畸形等为特征。不同品种和日龄的鹅均可发生,但临床上以 1 周龄左右雏鹅多见,主要发生于冬季和早春季节。1 周龄以内的肉雏鹅患本病,常与肉种鹅缺乏维生素 A 有一定的关系。应注意合理搭配饲料日粮,防止饲料品种单一。发病后,多喂胡萝卜、青苜蓿等富含维生素 A 的饲料,也可在饲料中添加鱼肝油,按每千克饲料 2～4 mL 添加。

(2)维生素 D 缺乏以及钙、磷代谢障碍。维生素 D 缺乏或钙、磷缺乏以及钙、磷比例失调都可以造成骨质疏松,引起肉鹅的佝偻病或成年肉鹅的软骨症。本病是一种营养性骨病,不同日龄的鹅均可发生,临床上常见于 1～6 周龄的幼鹅。主要表现为生长发育停滞、骨骼变形、肢体无力、软脚以致瘫痪。成年肉鹅患病时产蛋减少或产软壳蛋。此外,本病也可诱发其他疾病,常给肉鹅业造成一定的经济损失。由于钙、磷的吸收依赖于维生素 D 含量,因而保证日粮中维生素 D 的供应非常重要。阳光照射可以在鹅体中合成维生素 D,如果在舍饲条件下,缺乏阳光,而日粮中又未能得到补充,鹅极易发生佝偻病或软骨症。因此,要根据不同的饲养方式在日粮中补充相应含量的维生素 D;或保证每天一定时间的舍外运动,多晒阳光促使肉鹅体维生素 D 的合成。在阴雨季节应特别注意在饲料中补充维生素 D;或给予如苜蓿等富含维生素 D 的青绿饲料。患病产蛋鹅群应及时补足维生素 D、骨粉、磷酸氢钙、石粉或贝粉等,调整钙、磷的比例含量,患病鹅可肌肉注射维丁胶性钙或口服鱼肝油进行治疗。若同时服用钙片,则疗效更好。

(3)维生素 E 及硒缺乏症。维生素 E 及硒缺乏症又名白肌病,是肉鹅的一种因缺乏维生素 E 或硒而引起的营养代谢病。主要病理特征为脑软化症,渗出性素质,肌营养不良,出血和坏死。不同品种和日龄的肉鹅均可发生,但临床上主要见于 1~6 周龄的幼鹅。患病鹅发育不良,生长停滞,日龄小的雏鹅发病后常引起死亡。

(4)痛风。痛风是由于肉鹅体内蛋白质代谢发生障碍所引起的一种内科病。其主要病理特征为关节或内脏器官及其他组织蓄积大量的尿酸盐。本病多发生于缺乏青绿饲料的寒冬和早春季节。不同品种和日龄的肉鹅均可发生,临床上多见于幼龄鹅。大多因饲养者主观片面追求增重速度而忽视科学调配饲料,饲喂含量过高的蛋白质饲料所致。肉鹅患病后引起食欲不振、消瘦,严重的可导致死亡,是危害肉鹅业生产的一种重要的营养代谢疾病。

(5)脂肪肝综合症。脂肪肝综合症又称脂肝病,是由于鹅体内脂肪代谢障碍,大量的脂肪沉积于肝脏,引起肝脏脂肪变性的一种内科疾病。本病多发生于寒冷的冬季和早春。主要见于肉种鹅群。由于此季节天气寒冷,青绿饲料缺乏,鹅群多饲喂单一饲料稻谷,在产蛋季节,饲喂量充足,原放养鹅群采食量大,而且活动量比以前减少,容易使脂肪在体内沉积,肝脏发生脂肪变性,当人为强行追逐、捕捉或鹅在产蛋时受惊吓,易造成肝脏破裂而急性死亡。

临诊所见病例都是营养良好的产蛋母鹅。

☞ 143. 肉鹅易发生哪些中毒性疾病?

(1)黄曲霉毒素中毒。黄曲霉毒素中毒是由黄曲霉毒素引起肉鹅的一种中毒性疾病。临床上以消化机能障碍,全身浆膜出血,肝脏器官受损以及出现神经症状为主要特征,呈急性、亚急性或慢性经过。幼鹅中毒后,常引起死亡,对肉鹅业生产危害较大。禁喂霉变饲料是预防本病的关键,同时应加强饲料贮存保管,注意保持通风干燥、防止潮湿霉变。

(2)磺胺类药物中毒。磺胺类药物具有广谱的抑菌效果和抗球虫作用。临床上常用于预防和治疗肉鹅球虫病和多种细菌性疾病。但由于用药不当或过量,常引起肉鹅磺胺类药物中毒,严重的甚至导致死亡,是目前较为常见的一种鹅药物中毒性疾病。应按磺胺类药物的规定剂量使用,同类异名的磺胺药物不能同时使用。连续用药不能超过1周。同时在用药期间必须供给充足的饮水。2周龄以下的幼鹅和产蛋种鹅以及有肝、肾疾患的肉鹅应尽量避免使用磺胺类药物。

(3)有机磷农药中毒。有机磷农药是一种毒性较强的杀虫剂,在农业生产和环境杀虫方面应用较为广泛。有机磷农药中毒是由于肉鹅接触、吸入有机磷农药或误食有机磷农药污染的饮水、蔬菜、青草及其他作物引起肉鹅的一种中毒性疾病。有机磷农药中毒,临床上主要见于放养肉鹅群,中毒后常呈急性经过,抑制肉鹅体内胆碱酯酶的活性,导致神经、生理紊乱,表现为流涎、腹泻、瞳孔缩小,抽搐等胆碱能神经兴奋症状。

(4)有机氟农药中毒。与有机磷农药一样,有机氟农药是一种高效农药,肉鹅常因误食被有机氟农药污染的青草、蔬菜或饮水,以及误食有机氟化合物的灭鼠毒饵谷物而发生中毒,肉鹅中毒后常发生死亡。

☞ 144. 肉鹅常见的真菌病等杂症有哪些?

(1)曲霉菌病。曲霉菌病是肉鹅的一种常见的真菌病,主要发生于雏鹅。病的特征是呼吸道(尤其肺和气囊)发生炎症,因此又称曲霉菌性肺炎。本病多呈急性经过,发病率较高,可造成大批死亡,是肉鹅的一种重要传染病。加强饲养环境卫生,不用发霉的垫草、垫料和禁喂发霉的饲料是预防曲霉菌病的主要措施。梅雨季节,肉鹅舍必须每天清扫消毒,保持舍内干燥清洁,使用过的垫草切勿晒后复垫。

(2)念珠菌病。念珠菌病又称鹅口疮,是由白色念珠菌引起的肉鹅的一种真菌性传染病。其主要特征为上消化道黏膜发生白色的假膜和溃疡病变,临床上以雏鹅多见。育雏期间应增加多种维生素。药物防治可采用制霉菌素、克霉唑,拌料喂服或用硫酸铜溶液饮水。

(3)鹅感光过敏症。肉鹅感光过敏症是由于肉鹅采食光过敏物质的饲料,肉鹅体某部位对一定波长的阳光照射敏感产生的一种过敏性疾病。临床上以无毛部位的上喙狭、脚蹼出现水泡和炎症为主要病理特征。本病的发病率不高,但病鹅常因上喙变形,采食不足,而影响生长发育。不同种类和日龄的肉鹅均可发生感光过敏。一旦肉鹅群发病,应立即停止放牧,避光饲养,或停喂含光敏原性植物的饲料。病鹅对症治疗,患部用龙胆紫或碘甘油涂搽,同时合理调配饲料营养物质,加强饲养管理,以提高机体的抗病力。

(4)皮下气肿。皮下气肿是幼鹅等幼龄家禽的一种常见疾病。本病的发生,可由于粗暴捕捉,致使颈部气囊或锁骨下气囊及腹部气囊破裂,也可因其他尖锐异物刺破气囊或因弘骨、乌喙骨和胸骨等有气腔的骨骼发生骨折,均可使气体积聚于皮下,产生病理状态的皮下气肿。此外,呼吸道的先天性缺陷亦可使气体溢于皮下。

本病多发生于1～2周龄的肉鹅，临床上常见于颈部皮下发生气肿，因此又称之气嗉子或气脖子。

☞ 145. 肉鹅场常备消毒用药物有哪些？

(1)氢氧化钠(钾)。本品的杀菌作用很强，对部分病毒和细菌芽孢均有效，对寄生虫卵也有杀灭作用。但对机体有腐蚀作用，对铝制品、纺织品等有损坏作用。本品主要用于鹅舍、器具和运输车船的消毒。

(2)生石灰。本品对大多数繁殖型细菌有较强的杀菌作用，但对芽孢及结核杆菌无效，常用于鹅舍墙壁、地面、运动场地、粪池及污水沟等的消毒。

(3)甲醛(福尔马林)。甲醛在气态或溶液状态下，均能凝固蛋白和溶解类脂质，还能与蛋白质分子中的氨基结合而使蛋白质变性，因此具有强大的广谱杀菌作用。对细菌、芽孢、霉菌和病毒均有效。常用于污染的鹅舍、用具、排泄物及室内空气的消毒，以及器械、标本、尸体的消毒防腐，还可用于种蛋的消毒。

(4)高锰酸钾(灰锰酸氧、PP粉)。本品为强氧化剂，遇有机物(或加热、加碱)可放出初生态氧而呈现杀菌、除臭和解毒作用，抗菌作用较过氧化氢溶液强，0.1%水溶液能杀死多数繁殖型细菌，本品在酸性环境中杀菌作用增强(高锰酸钾被还原后形成的二氧化锰可与蛋白结合)。低浓度时对组织有收敛作用，高浓度时有刺激和腐蚀作用。此外常利用高锰酸钾的氧化性能来加速福尔马林蒸发而起到空气消毒作用。高锰酸钾水溶液遇到有机溶剂如甘油、酒精等有机物而失效，遇氨及其制剂即产生沉淀。也忌禁与还原剂如碘、糖、甘油等混合。

(5)新洁尔灭。本品属季铵类阳离子表面活性剂，有清洁除污作用，又能吸附于细菌表面，改变细菌脑浆膜的通透性，影响菌体代谢，并能使菌体蛋白变性而呈现杀菌作用。本品抗菌谱较广，对多种革兰氏阳性和阴性细菌有杀灭作用。但对阳性细菌的杀菌效果显著，强于阴性菌，对多种真菌也有一定作用，但对芽孢作用很弱，也不能杀死结核杆菌。本品杀菌作用快而强，毒性低，对组织刺激性小，较广泛用于皮肤、黏膜的消毒，也可用于鹅用具和种蛋的消毒。避免使用铝制器皿，以免降低本品的抗菌活性，忌与肥皂、洗衣粉等阴离子表面活性剂同用，以防对抗或减弱本品的抗菌效力。由于本品有脱脂作用，故也不适用于饮水的消毒。

(6)漂白粉。主要成分为次氯酸钙，遇水产生次氯酸，次氯酸离解产生的氧原子和氯原子分别起氧化和卤代反应而呈现杀菌作用。本品能杀灭细菌、芽孢和病毒。杀菌作用强但不持久。在酸性环境中药效增强，在碱性环境中杀菌作用减弱。主要用于鹅舍、用具、运输车船、饮水及排泄物的消毒。此外含氯石灰也是一种除臭剂，也可用于污染物品和场地的消毒。不能用于有色织物和金属用具的消毒，宜现用现配，久放易失效。本品刺激性强，接触时需小心。

(7)碘。碘通过氧化和卤代作用而呈现强大的杀菌作用，能杀死细菌芽孢、真菌和病毒，对某些原虫和蠕虫也有效，对皮肤和黏膜有刺激作用，其强弱与浓度成正比。碘酊是最常用和最有效的皮肤消毒药，也可作饮水消毒用。碘甘油因无刺激性，常用于患部黏膜涂擦。

(8)百毒杀。本品无毒、无刺激性，低浓度瞬间能杀灭各种病毒、细菌、真菌等致病微生物，具有除臭和清洁作用。主要用于鹅舍、用具及环境的消毒。也用于孵化室、饮水槽及饮水消毒、疾病感染消毒。

(9)过氧乙酸。本品属强氧化剂，是高效速效消毒防腐药，具有杀菌作用快而强、抗菌谱广的特点，对细菌、病毒、霉菌和芽孢均有效。本品可用于耐酸塑料、玻璃、搪瓷和用具的浸泡消毒，还可用于鹅舍地面、墙壁、食槽的喷雾消毒和室内空气消毒。本品稀释后不宜久贮(1%溶液只能保持药效几天)。本品对组织有刺激性和腐蚀性,对金属也有腐蚀作用,故消毒时应注意自身防护,避免刺激眼、鼻黏膜。

(10)来苏儿。本品毒性和腐蚀性较苯酚低,而杀菌作用则强于苯酚3～10倍。对大多数细菌繁殖体有强烈的杀菌作用,同时也可以杀灭寄生虫,但对细菌芽孢和病毒作用不可靠。主要用于鹅舍、用具与排泄物的消毒。由于有臭味,不宜用于肉品、蛋品的消毒。

☞ 146. 养鹅场常用的抗生素类药物有哪些?

(1)红霉素。本品的抗菌谱与青霉素相似,对大多数革兰氏阳性菌如金黄色葡萄球菌(包括耐青霉素菌株)、链球菌、李氏杆菌等均有较强的抗菌作用;对部分革兰氏阴性菌如巴氏杆菌、嗜血杆菌等有一定的抗菌作用;对霉形体、衣原体、螺旋体等也有抑制作用,但对大肠杆菌、沙门氏菌等无效。临床上主要用于防治霉形体病、葡萄球菌病、链球菌病、坏死性肠炎、衣原体病等。也可预防环境引起的应激。本品忌与酸性物质配伍,也不能与青霉素同用。

(2)泰乐菌素。本品系畜禽专用抗生素,对革兰氏阳性菌及一些革兰氏阴性菌有抗菌作用,如对金黄色葡萄球菌、化脓链球菌、霉形体、螺旋体等均有抑制作用,尤其对霉形体特别有效。但对革兰氏阳性菌的作用不及红霉素。本品的水溶液遇铁、铜、铝等离子容易形成络合物而失效。

(3)北里霉素。本品的抗菌性与红霉素相似,对革兰氏阳性菌有较强的抗菌作用,对耐药金黄色葡萄球菌的作用优于红霉素、氯霉素和四环素。对某些革兰氏阴性菌、霉形体、立克次体、螺旋体等也有效。临床上用于防治革兰氏阳性菌所致的感染尤其是用于治疗霉形体病。此外小剂量北里霉素还具有促进生长和提高饲料转化率的作用。

(4)土霉素。本品为广谱抗生素,主要抑制细菌的生长繁殖,对革兰氏阳性菌和革兰氏阴性菌都有抗菌作用,对衣原体、霉形体、立克次体、螺旋体等也有一定的抑制作用。临床上用于防治禽霍乱、禽副伤寒、大肠杆菌病、禽链球菌病、霉形体病等疾病。近年来土霉素常作为饲料药物添加剂,用来防治疾病,促进肉鹅生长和提高饲料转化率。此外,还具有减轻应激反应,增加产蛋量,提高孵化率等效力。本品忌与碱性溶液和含氯量多的自来水混合。长期或大剂量应用,可引起二重感染。

(5)金霉素。本品的抗菌作用基本与四环素相似,但对耐青霉素的金黄色葡萄球菌感染的疗效优于土霉素和四环素,在畜牧生产中多用做饲料添加剂,提高饲料报酬,促进肉鹅生长发育。临床上常用于预防和治疗禽副伤寒、禽霍乱、霉形体病、大肠杆菌病等,对球虫亦有一定的抑制作用。

(6)强力霉素。本品的抗菌谱与四环素、土霉素相似,但抗菌作用要强2～10倍,是一种长效、广谱、高效低毒的四环素类抗生素。对溶血性链球菌、葡萄球菌等革兰氏阳性菌及多杀性巴氏杆菌、沙门氏菌、大肠杆菌等革兰氏阴性菌均有较强的抑制作用。对耐四环素和土霉素的金黄色葡萄球菌感染仍然有效。临床上常用于禽霍乱、禽副伤寒、大肠杆菌病、霉形体病等疾病的防治。本品还具有镇咳、平喘和祛痰的作用。

(7)青霉素G。青霉素G抗菌谱较窄,其抗菌作用很强,主要对多种革兰氏阳性细菌和少数革兰氏阴性细菌有抑菌(低溶液)和杀菌(高浓度)作用,对各种螺旋体和放线菌有强大的抗菌作用,但对病毒、立克次体、衣原体、真菌和结核杆菌等无效。一般细菌对青霉素G不易产生耐药性,但金黄色葡萄球菌可渐进性产生耐药菌株。此药未见不良反应。

(8)氨苄青霉素。本品为广谱抗生素,对革兰氏阳性菌和革兰氏阴性菌如链球菌、葡萄球菌、巴氏杆菌、大肠杆菌和沙门氏菌等都有抑制作用，但对革兰氏阳性菌的作用强于青霉素，对耐青霉素的金黄色葡萄球菌和绿脓杆菌无效。对革兰氏阴性菌的作用略优于氯霉素和四环素。

(9)先锋霉素类。本品是广谱抗生素，其结构和作用机理与青霉素相似，能抑制细菌细胞壁的合成。本类药物对葡萄球菌、链球菌、肺炎球菌等革兰氏阳性菌(包括对青霉素耐药性菌株)有较强的抗菌作用。对革兰氏阴性菌如大肠杆菌、沙门氏菌、多杀性巴氏杆菌等也有抗菌作用。但对绿脓杆菌、结核杆菌、真菌等无效。临床上常用于家禽的葡萄球菌病、链球菌病、大肠杆菌病的防治，对禽霍乱、禽副伤寒亦有一定的疗效。本品不宜与庆大霉素联合应用，与青霉素之间偶尔有交叉过敏反应。

(10)链霉素。本品抗菌谱较广，主要对革兰氏阴性菌和结核杆菌有杀灭作用。对本品敏感的革兰氏阴性菌有沙门氏菌、大肠杆菌、巴氏杆菌、志贺氏痢疾杆菌、嗜血杆菌、布氏杆菌等，对霉形体、放线菌和葡萄球菌的某些菌株也有作用。对大多数革兰氏阳性菌的作用不如青霉素。本品在较低浓度时抑菌，较高浓度时则杀菌。临床上主要用于治疗禽结核病、禽霍乱、大肠杆菌病、禽副伤寒等。本品对神经肌肉接头有阻滞作用，剂量过大或用药时间过长会出现严重的毒性反应，即呼吸衰竭，肢体瘫痪和全身无力等症状，严重者可致死。

(11)卡那霉素。本品对大多数革兰氏阴性菌如大肠杆菌、变形杆菌、沙门氏菌、多杀性巴氏杆菌等均有强大的抗菌作用，对金黄色葡萄球菌和结核杆菌也有作用，但对其他革兰氏阳性菌则作用很弱。临诊用来治疗禽霍乱、大肠杆菌病、禽副伤寒、葡萄球菌病、禽结核病等。对肾脏和听觉神经有毒害作用，不宜使用时间过长或剂量过大。

(12)庆大霉素。本品是最常用的氨基苷类抗生素，其抗菌活性最强，对多种革兰氏阳性菌如葡萄球菌、链球菌等和革兰氏阴性菌如绿脓杆菌、大肠杆菌、沙门氏菌等都有抗菌作用,对结核杆菌、霉形体亦有较强作用。本品与青霉素合用抗菌谱扩大,抗菌活性增强,临床上常用于各种敏感菌所致的呼吸道、肠道感染以及败血症等。如禽霍乱、禽葡萄球菌病、禽副伤寒、衣原体病、大肠杆菌病等。

(13)新霉素。抗菌范围与卡那霉素相仿,因对肾、耳毒性较强,而且能阻滞神经肌肉接头,抑制呼吸,一般不作注射给药和全身应用。

(14)制霉菌素。本品属多烯类抗生素,具有广谱抗真菌作用。对曲霉菌、白色念珠菌等危害家禽的真菌具有较强的作用,尤其对念珠菌属的真菌作用显著。临床上用于治疗鹅曲霉菌病、鹅口疮等真菌病。

(15)磺胺嘧啶。本品对大多数革兰氏阳性菌和阴性菌,如链球菌、沙门氏菌、大肠杆菌、李氏杆菌、巴氏杆菌等都具有较强的抑菌作用。对放线菌和衣原体及某些原虫,也有抑制作用。临床上主要用于治疗禽霍乱、禽副伤寒、大肠杆菌感染、住白细胞虫病等疾病。本品不宜与酸性药物配伍,内服时应加等量的碳酸氢钠同服。雏鹅应慎用本品,成年鹅产蛋期间一般应禁止使用。

(16)磺胺甲基异恶唑(新诺明、SMZ)。本品的抗菌谱与磺胺嘧啶相似,但抗菌作用较磺胺嘧啶强,临床上主要用于治疗禽霍乱、禽副伤寒、葡萄球菌病、呼吸道感染等疾病。本品与甲氧苄氨嘧啶联合应用,可明显增强其抗菌作用。

(17)敌菌净。本品的抗菌作用比甲氧苄氨嘧啶弱,但作用机理与其相同,对磺胺药(磺胺对甲氧嘧啶,磺胺甲基异恶唑)和抗生素(四环素等)有明显的增效作用。内服吸收较少,临床上多用于肠道细菌感染,也适用于球虫病的防治。

(18)氧氟沙星。本品抗菌谱广,对革兰氏阳性菌、阴性菌和部分厌氧菌及霉形体均有效,抗菌活性略优于氟哌酸。具有口服吸收完全,血液中有效浓度高,半衰期长等特点。临床上主要用于家禽的各种细菌和霉形体的感染。

(19)诺氟沙星(氟哌酸)。本品是第三代喹诺酮类抗菌药,具有抗菌谱广,抗菌作用强,吸收,排泄迅速等优点。本品对绝大多数革兰氏阴性菌如大肠杆菌、沙门氏菌、巴氏杆菌等有良好的作用,对庆大霉素、氨苄青霉素的耐药菌株也有效,对霉形体亦有作用。临床上主要用于禽副伤寒、大肠杆菌病、禽霍乱、禽链球菌病以及霉形体病等疾病的防治。

(20)环丙沙星(环丙氟哌酸)。本品为第三代喹诺酮类广谱抗菌药,目前广泛应用于兽医临诊,其抗菌谱与氟哌酸相似,对大多数革兰氏阳性菌和革兰氏阴性菌均有较强的抗菌活性,对绿脓杆菌、霉形体也有较强作用。临床上主要用于大肠杆菌病、禽副伤寒、链球菌病、葡萄球菌病、禽霍乱、霉形体病等。

(21)恩诺沙星。本品为动物专用的第三代喹诺酮类广谱抗菌药,抗菌作用与环丙沙星相似,但抗霉形体的效力较强,泰乐菌素、硫黏菌素耐药的霉形体对本品敏感。临床上用于治疗家禽大肠杆菌、沙门氏菌、巴氏杆菌、链球菌、葡萄球菌和霉形体等所引起的呼吸道、消化道感染。

☞ 147. 养鹅场常用的抗寄生虫药有哪些?

(1)哌嗪。本品为高效低毒驱虫药,在家禽有极好的驱虫效果,对鹅裂口线虫成虫100%有效,对未成熟的虫体也有一定的作用。但对异刺线虫作用较差。

(2)左旋咪唑。左旋咪唑为广谱、高效、低毒、使用方便的驱虫药,其驱虫活性为噻咪唑的2倍,故用量小,安全范围大。左旋咪唑可通过虫体表皮吸收,迅速到达作用部位,使虫体、肌肉痉挛性收缩、麻痹,加之药物的拟胆碱作用,使虫体迅速排出体外。本品对禽类多种线虫有效,如鹅裂口线虫、支气管杯口线虫等均有良好的驱虫效果。左旋咪唑还具有调节免疫功能的作用,临床上可作为免疫增强剂应用。

(3)丙硫苯咪唑。本品是国内兽医临床上使用最广泛的新型的驱虫药,具有广谱、高效、低毒的特点,对动物线虫、绦虫、吸虫均有良好的驱虫作用。在家禽对鹅裂口线虫、东方次睾吸虫、鹅剑带绦虫、膜壳绦虫、棘口吸虫等有高效。鹅产蛋期间尽量不用,否则会影响产蛋率。

(4)硫双二氯酚。硫双二氯酚能抑制延胡索酸还原酶的活性,阻断ATP的产生,从而导致虫体肌肉麻痹死亡。本品对家禽的多种绦虫和吸虫均有驱虫作用,如鹅的剑带绦虫、膜壳绦虫、前殖吸虫、棘口吸虫等都具有良好的效果,是国内目前广泛应用的驱虫药。

(5)吡喹酮。本品为新型高效、低毒的广谱驱虫药,对鹅剑带绦虫、膜壳绦虫、棘口吸虫、前殖吸虫、舟形嗜气管吸虫均有良好的驱虫效果。是目前较为理想的一种驱虫药。临床上主要用于治疗畜禽绦虫病、吸虫病以及血吸虫病。

(6)阿的平。本品能控制鹅的球虫,用药后第3天,粪便内即不见球虫卵囊,国外试验证明其疗效达100%,并能提高饲料消化率,改变全身症状。本品还具有抗绦虫、疟原虫等作用。在禽体内排泄较慢,因此作用较持久。鹅的用量不能超过每千克体重1 000 mg,否则会引起中毒。

(7)盐酸氨丙啉。本品具有高效、安全、不易产生耐药性,至今仍广泛应用。长期应用高浓度剂量,能引起雏鹅维生素B_1缺乏症,增喂维生素B_1虽可减弱毒性反应,但每千克饲料中的维生素B_1含量超过10 mg时,抗球虫作用即开始减弱。

(8)杀球灵。本品是一种新型广谱抗球虫药,具有高效、低毒的特点,是目前用药浓度最低的抗球虫药。本品药效期较短,停药一天,抗球虫作用明显减弱,因此必须连续用药以防球虫病再度暴发。由于用药浓度较低，在本品加入饲料后必须充分拌匀。

(9)磺胺喹恶啉。本品为磺胺药中专供抗球虫病用的药物，至今仍广泛应用。对球虫作用的高峰期在第二代裂殖体(感染后第4天)，本品对鸡巨型艾美耳球虫、布氏艾美耳球虫和堆型艾美耳球虫作用最强，但对柔嫩艾美耳球虫和毒害艾美耳球虫作用较弱，若与氨丙啉或抗菌增效剂合用抗球虫作用则更强。临床上用于防治鹅和其他家禽的球虫病。

(10)伊维菌素。本品为新型大环内酯抗生素类驱虫药，具有广谱、高效、低毒、用量小等优点。对畜禽各种线虫、昆虫和螨均具有良好的驱虫活性，临床上主要用于治疗畜禽的各种线虫、疥螨、痒螨以及家禽的羽虱等，此外，对传播疾病的节肢动物如蜱、蚊、库蠓等均有杀灭效果，并且干扰其产卵或蜕化。但对绦虫和吸虫无驱杀作用。

(11)溴氰菊酯。本品是使用最广泛的拟菊酯类杀虫药。属于接触性杀虫剂，对动物体外寄生虫，如蚊、蝇、蜱、禽羽螨、禽羽虱均有良好的杀灭作用，还可杀灭蟑螂、蚂蚁等，具有广泛、高效、低残留等特点，即使对有机磷、有机氯耐药的虫体仍然有高效。一次用药能维持药效近1个月。本品对皮肤和呼吸道有刺激性，用时须注意。

(12)胺菊酯。本品是合成的除虫菊酯类杀虫剂，对蚊、蝇、虱等均有杀灭作用，对昆虫击倒作用的速度居拟菊酯类杀虫药之首，但由于部分虫体又能复活，一般多与节肢菊酯合用，则具有互补增效的作用。本品多制成蚊香剂和气雾剂使用，对人畜安全，无刺激性。

☞ 148. 养鹅场有哪些常用的解毒药?

(1)阿托品。为抗胆碱药，主要作用：能阻断M-胆碱受体，松弛内脏平滑肌，解除支气管痉挛，抑制腺体分泌，散大瞳孔，缓解胃肠道症状和对抗心脏抑制的作用。同时,对呼吸中枢也有轻度的兴奋作用。

(2)解磷定。本品为胆碱酯酶复活剂,能使进入体内的有机磷化合物失去毒性,对胆碱酯酶的复活作用迅速。对于中毒不久的病禽显效较快,若中毒时间过长,磷酰化胆碱酯酶发生老化,解磷定则不能恢复酶的活性,因此中毒早期应用较好。本品作用时间维持在 1.5 h,连续用药无蓄积作用。

(3)氯磷定。本品的作用大致与解磷定相同,但对胆碱酯酶的复活能力较解磷定强,且作用迅速,毒性较低。对内吸磷、对硫磷的疗效显著,对敌百虫、敌敌畏疗效较差,而对乐果、马拉硫磷的疗效则无效或可疑。由于本品同样不能透过血脑屏障,所以也必须与阿托品配合应用。

(4)双复磷。本品对胆碱酯酶的复活能力较解磷定强,且作用持久,并能透过血脑屏障,使中枢神经系统的胆碱酪酶复活,同时还具有阿托品样作用,能消除 M-胆碱、N-胆碱受体兴奋症状和中枢神经系统中毒症状。本品对内吸磷、对硫磷、甲拌磷(3911)等有机磷农药的解救效果较好。

(5)解氟灵。本品为有机氟农药和毒鼠药氟乙酰胺、氟乙酰钠的解毒剂,它具有延长中毒潜伏期,减轻发病症状或制止发病的作用。解氟灵(乙酰胺)的化学结构与氟乙酰胺相似,中毒鹅只使用本品后能在其体内争夺酰胺酶,使氟乙酰胺不能产生对机体三羧循环有毒性作用的氟乙酸,从而解除有机氟中毒。解毒时宜早期应用本品,并给足剂量。严重中毒病例必须配合应用氯丙嗪或苯巴比妥钠等镇静药。

(6)二巯基丙醇。本品是一种竞争性解毒剂。在体内与金属和类金属离子结合,形成无毒、难以解离的络合物,并能将已与酶系统结合的金属离子夺取,从尿中排出而起解毒作用。临床上常用于砷、汞、铜、锌、铋等金属中毒的解毒。此外本品亦有减轻锑剂的毒性及镉对机体的损害作用，因此亦可用于锑剂和镉中毒的解毒剂，但本品对铅中毒疗效较差。由于本品与金属结合的络合物仍有一定程度的解离，解离出来的二巯基丙醇很快被氧化而不能再起解毒作用，故需多次给药才能达到预期的解毒效果。

☞ 149. 养鹅场怎样正确使用兽用生物制品?

(1)小鹅瘟疫苗。本品采用鹅胚多次传代获得的小鹅瘟弱毒株，适用于未经免疫种鹅的后代雏鹅或种鹅免疫后已达到产蛋后期的雏鹅作紧急预防接种。使用时按瓶签注明剂量，即按 1:100 倍稀释，给出壳后 24 h 以内的雏鹅皮下注射 0.1 mL。免疫有效期:接种后 7 天产生主动免疫力。放置在 −15℃以下冷冻保存，有效期 18 个月以上。

(2)小鹅瘟鹅胚弱毒疫苗。本品采用小鹅瘟鹅胚弱毒株接种 12～14 日龄鹅胚后，收获死亡 72～96 h 的鹅胚尿囊液，加适量保护剂，经冷冻真空干燥制成。理化性状:呈乳白色海绵状疏松团块，加稀释液后迅速溶解。基本用途:供产蛋前的留种母鹅主动免疫，雏鹅通过被动免疫，预防小鹅瘟。剂量与用法:临用前，用灭菌生理盐水按 1:100 倍稀释，在母鹅产蛋前半个月注射本疫苗，每只成年种鹅肌肉注射 1 mL。免疫有效期:放置在 −15℃以下冷冻保存，有效期 18 个月以上。注意事项:雏鹅禁用。

(3)鹅副黏病毒苗。本品采用鹅副黏病毒分离毒株，接种鸡胚，收获感染的鸡胚液，经甲醛溶液灭活，加适当的乳油制成。理化性状:本品为乳白色均匀乳剂。基本用途:用于预防鹅副黏病毒病。剂量与用法:14～16 日龄雏鹅肌肉注射 0.3 mL。青年鹅和成年鹅肌肉注射 0.5 mL。有效期:6 个月。放置在 4～20℃常温保存，勿冻结，保存期 1 年。

(4)鸭瘟鸡胚化弱毒疫苗。本品采用鸭瘟鸡胚化弱毒株接种鸡胚或鸡胚成纤维细胞。收获感染的鸡胚尿囊液、胚体及绒毛尿囊膜研磨或收获细胞培养液,加入适量保护剂,经冷冻真空干燥制成。理化性状:组织苗呈淡红色,细胞苗呈乳白色,均为海绵状疏松团块,易与瓶壁脱离,加入稀释液后迅速溶解成均匀的混悬液。基本用途:本品用于预防鸭和鹅的鸭瘟。使用方法及剂量:使用时按瓶签注明的剂量,加生理盐水或灭菌蒸馏水按1:200倍稀释,20日龄以上鸭或鹅肌肉注射1 mL。免疫有效期:注射疫苗5~7天,即可产生免疫力,免疫期为6~9个月,放置在-15℃以下保存,有效期为18个月。

(5)禽霍乱弱毒菌苗。本菌苗用禽巴氏杆菌G190E40弱毒株接种适合本菌的培养基培养,在培养物中加保护剂,经冷冻真空干燥制成。理化性状:本品为褐色海绵状疏松团块,易与瓶壁脱离,加稀释液后迅速溶解成均匀混悬液。基本用途:用于预防家禽(鸡、鸭、鹅)的禽霍乱。剂量与用法:按瓶签上注明的羽份,加入20%氢氧化铝胶生理盐水稀释并摇匀。3月龄以上的鹅,每只肌肉注射0.5 mL。免疫有效期:3~5个月。放置在25℃以内保存,有效期为1年。注意事项:病、弱鹅不宜注射,稀释后必须在8 h内用完。在此期间不能使用抗菌药物。

(6)禽霍乱油乳剂灭活疫苗。本品采用抗原性良好的鸡源A型多杀性巴氏杆菌菌种接种于适宜培养基培养,经甲醛溶液灭活,加适当的乳油制成。理化性状:本品为乳白色均匀乳剂,久置后发生少量白色沉淀,上层为乳白色液体。基本用途:用于预防禽霍乱。剂量与用法:2月龄以上的鹅肌肉注射0.5~1 mL。免疫有效期为6个月。放置在2~15℃保存,有效期为1年。

(7)禽霍乱组织灭活苗。本品采用人工感染发病死亡或自然发病死亡的鸭、鹅等家禽的肝、脾等脏器,也可采用人工接种死亡的鸡胚、鸭胚的胚体,捣碎匀浆,加适量生理盐水,制成的滤液过滤后,经甲醛溶液灭活,置37℃温箱作用制备而成。理化性状:本品呈灰褐色液体,久置后稍有沉淀,注射前先摇匀。用途与用法:用于预防禽霍乱。2 个月以上鹅,每只肌肉注射 2 mL。免疫有效期:3 个月。放置在 4～20℃常温保存,勿冻结,保存期 1 年。

(8)鹅蛋子瘟灭活苗。本菌苗采用免疫原性良好的鹅体内分离的大肠杆菌菌株接种于适宜的培养基培养,经甲醛溶液灭活后,加适量的氢氧化铝胶制成。用途与剂量:用于预防产蛋母鹅的卵黄性腹膜炎,即蛋子瘟。种鹅产蛋前半个月注射本疫苗,每只胸部肌肉注射 1 mL。免疫有效期:4 个月左右。放置在 10～20℃阴冷干燥处保存,有效期 1 年。

(9)小鹅瘟抗血清。本品采用减毒的小鹅瘟活疫苗,接种成年鹅经过反复免疫,制成的高免血清。性状:本品为淡黄色液体,久置后瓶底微有沉淀。用途与剂量:用于治疗或紧急预防小鹅瘟。预防用量:出壳雏鹅皮下注射 0.3～0.5 mL。治疗用量为发病鹅群每只肌肉或皮下注射 1～2 mL。储存有效期:放置在 -15℃冷冻,2 年内有效。

☞ 150. 肉鹅场废弃物处理的意义是什么?

肉鹅场废弃物的处理是控制鹅环境卫生的重要环节,也是保持和促进肉鹅场生态良性循环不可缺少的部分。废弃物的科学处理,不仅直接影响到肉鹅场的卫生防疫,还能减少公害,改善生态环境,同时也可以收到很好的经济效益。

所谓肉鹅场的废弃物,主要是指鹅的粪便(尿)、各种污水、死鹅以及孵化场的蛋壳、死胚和屠宰后产生的羽毛、内脏、血等养鹅生产的副产物。肉鹅场废弃物富含氮、磷和各种有机物,极易腐败,常常还带有致病微生物。其产量很大,如果处理不当,将对水(地面水及地下水)、土壤和空气等环境因素造成严重的污染,不但使场区小环境的卫生状况恶化,也会对周围环境造成严重污染。鹅粪中还含有有毒物质,如硝酸盐、药物残留及重金属污染问题。肉鹅场废弃物可大量产生甲烷、硫化氢、甲硫醇胺等,产生恶臭。

肉鹅场废弃物还是蚊、蝇滋生的良好环境，如果处理不好，将导致蚊、蝇泛滥成灾，形成公害。在我国由于缺乏经验，资金短缺，尤其是认识不足，没有把废弃物处理作为养鹅业的一个重要环节列入肉鹅场建设计划。废弃物不仅严重威胁城市及郊区环境，也对养鹅业本身产生十分严重影响。

因此，废弃物的处理必须与开发利用相结合，变害为利，变废为宝，不仅能提高养鹅业的社会效益，也可增加经济效益。使肉鹅场废弃物的处理向无害化、现代化方向发展。

☞ 151. 如何处理与利用鹅粪？

鹅粪是由饲料中未被消化吸收的部分以及体内代谢产物，消化道黏膜脱落物和分泌物，肠道微生物及其分解产物等共同组成的。在实际生产中收集到的鹅粪中还含有在喂料及鹅采食时洒落的饲料、脱落的羽毛、破蛋等。而在采用地面垫料平养时，收集到的则是鹅粪与垫料的混合物。鹅的相对采食量大，消化能力较差，因此粪便产量很大。种鹅和肉仔鹅的鹅粪产量分别为每只每天260 g和180 g。鹅粪经适当的加工处理，可制成优质肥料和能源加以利用。

鹅粪可作肥料用。鹅粪富含氮、磷、钾等主要植物养分，鹅粪中其他一些重要微量元素的含量亦很丰富，作肥料也始终是鹅粪的主要用途。鹅粪作为肥料使用时，必须考虑两个方面的因素：一是鹅类中主要营养元素的含量及其利用率；二是拟施肥土壤的养分需求。如果鹅粪施用量以氮素平衡为基础来确定，则磷和钾的供给量一般会超过谷类作物需要量。鹅粪中微量元素的含量很高。鹅粪经干燥或好氧发酵后还可用于园艺生产中，成为一种新兴的优质复合肥和土壤调节剂。鹅粪也可作能源利用。利用鹅粪创造新能源，是解决某些地区能源供求矛盾的一条新途径。

(1)生产沼气。在厌氧环境中，有机物质在特殊的微生物作用下生成的混合气体，其主要成分是甲烷，占60%～70%。沼气可用于鹅舍采暖和农户照明、做饭及供暖等，是一种优质生物能源。据检测，一只产蛋鹅每日所产鹅粪经过适当的发酵过程，可产生6.48～12.96 L沼气。

(2)作燃料。在采用垫料平养、高床笼养等饲养方式时，由于清粪间隔较长，只要舍内通风良好，饮水器不漏水，那么收集到的鹅粪都比较干燥。如果鹅粪含水率在30%以下，可以直接用作燃料来供热，每千克鹅粪发热量约为12.5 MJ。在日本，有人用鹅粪作燃料代替重油，取得了令人满意的效果，而且还制造出了专门燃烧鹅粪的装置。

☞ 152. 鹅粪的处理方法有哪些？

可分物理处理、生物处理和化学处理等多种处理方法。

(1)堆肥处理。堆肥是一种传统的简便方法。将鹅粪和植物茎秆等有机物堆积成堆，由细菌的作用将有机物分解为稳定物质。根据堆内氧气情况，可分好氧型和厌氧型两种。

①好氧型堆肥。好氧型堆肥是指富含氮有机物(如鹅粪、死鹅)与富含碳有机物(秸秆等)在好氧、嗜热性微生物的作用下转化为腐殖质、微生物及有机残渣的过程。在堆肥发酵过程中，大量无机氮被转化为有机氮的形式固定下来，形成了比较稳定、一致且基本无臭味的产物，即以腐殖质为主的堆肥。这是一种肥效持久、能改善土壤结构、维持地力的优质有机肥。好氧型堆肥发酵需要的主要条件有：提供足够的氧气，一般要求在堆肥混合物中有25%～30%的自由空间，为此，要求用蓬松的秸秆材料与鹅粪混合，并在发酵过程中经常翻动发酵物；适当的碳、氮比，一般要求该比例为30∶1，可通过加入秸秆量来调节，湿度控制在40%～50%，温度保持在60～70℃，这是监测堆肥发酵过程正常进行的重要指标。在其他条件均适合的情况下，好氧微生物迅速增殖活动，代谢过程产

生的热量使发酵物内部温度上升。在此温度条件下,可以基本杀灭有害病原体。好氧型堆肥常见的是高 1.5～2 m、宽 2.5～4 m 的长条形粪堆,顶部形成 30°坡顶,多雨气候下应成半圆顶或加顶棚防雨。每 2～3 天翻动一次,以充入空气保证好氧性细菌的活动。可用手工或机械操作,用机械损伤时,堆积和翻动可用装载机或专用的拦粪机。新型的堆肥方法是采用强制通气的方法来输入氧气,这样可大大缩短好氧堆肥的时间。强制通气方法有底部通气式和封闭容器通气两种。

②厌氧型堆肥。厌氧型堆肥常堆成高 2～3 m、宽 5～6 m、长达 50 m 的粪堆,不进行翻动,所以设备简单。厌氧型堆肥的堆内温度较低,堆肥时间需 4～6 个月,堆肥过程中散发臭味,最终产品含水率较大。为了减少厌氧堆肥中的含水率,可在鹅粪内加入 30%的锯木屑或秸秆粉,或加入 10%～15%的过磷酸钙,堆积时间也为 6 个月,这样可以改善鹅粪厌氧堆肥的肥料质量。现代的堆肥一般都为好氧型。和其他过程相比,堆肥的优点是能生产出已消灭虫卵和草子的肥料和土壤改良剂,节省水和占地面积;缺点是消耗劳动力多。由于堆肥处理方法可以与死鹅的处理结合起来,因此具有很大的推广价值。

(2)充氧动态发酵。在适宜的温度、湿度以及供氧充足的条件下,好气菌迅速繁殖,将鹅粪中的有机物质大量分解成易被消化吸收的形式,同时释放出硫化氢、氨等气体。在 45～55℃下处理 12 h,可获得除臭、灭菌杀虫的优质有机肥料和再生饲料。在处理前,要使鹅粪的含水率降至 45%左右,如用鹅粪生产饲料,可在鹅粪中加入少量副料(粮食)以及发酵菌,在 45～55℃搅拌、发酵。充氧动态发酵的优点是发酵效率高、速度快,可以比较彻底地杀灭病原体,营养成分的损失少,利用率提高。但此法也有些不足之处。第一,这一处理工艺对鹅粪含水率有一定限制,鹅粪需经过预处理脱水后才能作发酵处理;第二,在发酵过程中的脱水作用小,发酵产品含水率高,不能长期贮存;第三,目前设备费用和处理成本尚较高,限制了其推广利用。

(3)脱水干燥处理。新鲜鹅粪的主要成分是水,通过脱水干燥处理使其含水量降到15%以下。这样,一方面减少了鹅粪的体积和重量,便于包装运输;另一方面,可以有效地抑制鹅粪中微生物的活动,减少营养成分(特别是蛋白质)的损失。脱水干燥处理的主要方法有高温快速干燥、太阳能自然干燥以及鹅舍内干燥等。

①高温快速干燥采用以回转圆筒烘干炉为代表的高温快速干燥设备,可在短时间(10 min左右)将含水率达70%的湿鹅粪迅速干燥至含水仅10%~15%的鹅粪加工品。采用的烘干温度依机器类型不同有所区别,温度主要在300~900℃。在加热干燥过程中,还可做到彻底杀灭病原体,消除臭味,鹅粪营养损失量小于6%。烘干设备的附属设备有除尘器,有的还有除臭设备。热空气从烘干炉中出来后,经密闭管道进入除尘器,清除空气中夹杂的粉尘。然后,气体被送至二次燃烧炉,在500~550℃高温下作除滓处理,最后才能把符合环保要求的气体排入大气中。

②太阳能自然干燥处理。这种处理方法利用大棚内积蓄的太阳能使鹅粪中的水分蒸发出来,并通过强制通风排除大棚内的湿气,从而达到干燥鹅粪的目的。在夏季,只需要约1周的时间即可把鹅粪的含水量降到10%左右。在利用太阳能作自然干燥时,有的采用一次干燥的工艺,也有的采用发酵处理后再干燥的工艺。在后一种工艺中,发酵和干燥分别在两个大槽中进行。鹅粪从鹅舍铲出后,直接送到发酵槽中。发酵槽上装有搅拌机,定期来回搅拌,每次能把鹅粪向前推进2 m。经过20天左右,将发酵的鹅粪转到干燥槽中,通过频繁的搅拌和粉碎,将鹅粪干燥,最终可获得经过发酵处理的干鹅粪产品。这种产品用做肥料时,肥效比未经发酵的干燥鹅粪要好,使用时也不易发生问题。这种处理方法可以充分利用自然能源,设备投资较少,运行成本也低。但是,本法

受自然气候的影响大，在低温、高湿的季节或地区，生产效率较低，而且处理周期过长，鹅粪中营养成分损失较多，处理设施占地面积较大。

③鹅舍内干燥处理。这种鹅粪干燥处理方法的核心就是直接将气流引向传送带上的鹅粪，使鹅粪在产出后得以迅速干燥。这种方法也可把鹅粪的含水率降至35%～40%，必须同其他干燥方法结合起来，才能生产出能长期保存的优质干燥鹅粪。

④微波干燥处理。微波是指波长很短的无线电波。微波具有热效应和非热效应。其热效应是由物料中极性分子在超高频外电场作用下产生运动而形成的，整个加热过程比常规加热方法要快数10倍甚至数百倍。其非热效应是指在微波作用过程中可使蛋白质发生变性，因而可达到杀菌灭虫的效果。

(4)热喷处理。热喷处理是将预干至含水25%～40%的鹅粪装入压力容器(特制)中，密封后由锅炉向压力容器内输送高压水蒸气，在120～141℃温度下保持压力10 min左右，然后突然减压，使鹅粪随高压蒸汽喷出，再经配混，压制干燥，这种方法的特点是，加工后的鹅粪杀虫、灭菌、除臭的效果较好，而且鹅粪有机物的消化率可提高13.4%～20.9%。但是这一方法要求先将鲜鹅粪作预干燥，而且在热喷处理过程中因水蒸气的作用，使鹅粪含水量不但没有降低，反而有所增加，未能解决鹅粪干燥的问题，从而使其应用带有一定的局限性。

(5)膨化处理。把鹅粪和精饲料混合后加入膨化机，经机内螺杆粉碎压缩与摩擦，使物料在机腔内相对滑动，迅速升温呈糊状，经机头的模孔射出。由于机腔内外压力相差数十倍，物料迅速发泡膨胀呈晶状，以饲料中的淀粉及蛋白质作骨架呈多孔状，体积膨胀，水分蒸发，比重变小，冷却后含水率可降至13%～14%。

(6)青贮。是把新鲜鹅粪与麦糠麸皮、青饲料或稻草相混合，使总含水量在40%左右，装入密封的塑料袋或青贮窖，经1个月至数月后使用，开启后可闻到清香味，也略有酒味。联合国粮农组织认为，青贮是很成熟的畜禽粪加工方法，从可能存在风险和危害健康角度看，青贮是已知加工鹅粪方法中最可靠的一种。

(7)作饲料用。用鹅粪饲养蝇蛆和蚯蚓等，使粪便中营养转化为动物蛋白，用做饲料效果极好。

(8)化学处理。即在鹅粪中按比例加入化学物质，常用的化学物质有福尔马林、丙酸、乙酸、氢氧化钠、过磷酸钙、磷酸、尿素-甲醛聚合物等。化学处理法可使鹅粪中的养分损失明显减少，而消化系数明显提高（提高最明显的是碳水化合物、半纤维素和细胞壁），增加动物对粪便饲料的进食量。化学处理杀灭鹅粪中病原体极为有效。

☞ 153. 养鹅场污水如何处理？

养鹅场所排放的污水，主要来自清粪和冲洗鹅舍后的排放粪水，以及屠宰加工厂和孵化厂等冲洗排放的污水。一般冲洗粪水的水质：COD（化学耗氧量）为 43 300～70 000 mg/L，BOD（生化需氧量）为 17 000～30 000 mg/L，铵态氮为 2 500～4 000 mg/L。处理工艺有厌氧处理法：隔栅→沉砂→厌氧→充氧曝气→沉淀→出水；正规二级处理法：隔栅→沉砂→沉淀→曝气→沉淀→出水；氧化塘处理法：隔栅→沉砂→沉淀→厌氧→兼性→自然氧化（或水生植物）→排水。

(1)氧化塘处理。氧化塘可以由自然形成或人工挖成。粪水在其中停留的时间较长，通过微生物的净化活动而得到处理。氧化塘又名稳定塘。氧化塘按分解形式可分好氧型、兼性和厌氧型，按充气形式又可分自然充气式和机械充气（曝气）式。

①自然充气好氧塘。塘内全部环境皆处于充氧状态，由好氧细菌进行有机物的分解。塘表面生长藻类植物，塘内氧气主要由水藻类植物的光合作用提供。由于阳光的透射只有 50 cm，所以，

自然充气好氧塘不能太深，一般为0.5～1.2 m。为了使阳光能透射，粪水的混浊度不能太高，所以，要求粪水的固体含量低，含水率应高达99.5%以上。由于水藻的供氧量较低，且受温度等环境因素的影响，所以，自然充气好氧塘的加载率很低。

②自然充气兼性塘。其特点是深度较大，一般为1.5～2.5 m。它的上部能透入阳光，通过藻类植物光合作用产生氧，形成充氧层，其作用与好氧塘相同。下部阳光不能透入，粪水内的因态物包括老化的藻类沉入底层，进行厌氧分解，因此，其排出液内水藻和细菌的细胞含量较少。自然充气兼性塘的加载率也随气候不同而不同。

③曝气好氧塘和曝气兼性塘。曝气好氧塘深度2～5 m，常见的为3～4 m。在塘内水面上安装浮动式曝气机，输入氧气，使塘内液体得到充分混合，因此，塘内以好氧细菌分解为主。粪液的适宜悬浮固体含量TSS为0.3%～1.0%。粪水在塘内的滞留时间为10～30天，冬季不结冻的地区取小值，冬季有冰覆盖的地区取大值，其BOD去除率可达90%以上。曝气机有鼓风式和机械式两种，机械曝气的能量消耗小于鼓风式曝气，在粪水处理中较为常见。常用的曝气机有平板叶轮、伞形叶轮和泵型叶轮等3种。前两者在曝气塘内转动时，叶轮剧烈地翻动水面，使空气中的氧溶入水中；后者的叶轮类似于水泵叶轮，垂直安装在液体表面，叶轮回转时将液体从吸水口吸入，并扬向四周。曝气机的安装有固定式和浮筒式两种。曝气兼性塘和曝气好氧塘的结构类似，区别在于其采用较小的曝气装置，所选的曝气装置不足以使所有微生物充分混合，而是有一部分沉淀在底部。塘内形成两层，上层为好氧层，进行好氧分解；下层为厌氧层，进行厌氧分解。曝气兼性塘的深度一般在4 m以上，液体停留时间为20～30天，温暖季节采用较短的停留时间，寒冷季节应采用较长时间。曝气兼性塘所用的曝气装置与曝气好氧塘采用的相同。

④厌氧塘。厌氧塘内有机物分解是在无氧的情况下进行的，第一阶段是产酸细菌将有机物分解成有机酸，第二阶段是产沼气细菌进一步将其分解成沼气和二氧化碳。在温度为15℃以下时这两个阶段的分解都进行很慢，15℃以上时分解速度逐渐增加。厌氧塘的深度一般为3～6 m，可以有较大的固体含量（可达1.5%）。当温度为15℃以上时，污水在塘内停留时间常取30～60天。厌氧塘的优点是不需要动力，可很少管理而节省劳动力。缺点是处理时间长，要求容量大，对温度敏感，寒冷时分解作用差，有臭味，厌氧塘处理后的水不能排入水体，一般用来施入农田或放入排水沟。当需要排入水体的厌氧塘可作为多级处理中的第一级处理。

(2)氧化沟处理。氧化沟处理来源于城市污水的活性污泥处理法。活性污泥含水率为98%～99%，它有很强的吸附和氧化分解有机物的能力。其主要构筑物为曝气池和沉淀池。开始运行时，应在曝气池内引满污水，进行曝气，培养出活性污泥（含有各种微生物絮状泥粒），然后连续运行，曝气池内活性污泥和废水的混合液不能排出进入沉淀池，沉淀的活性污泥一部分再回流入曝气池，用来分解氧化废水中的有机物。在处理过程中活性污泥会不断增加，一部分过剩污泥应予以排除。沉淀池的上层清液作为处理后排出液排出，BOD去除率可达90%以上。氧化沟处理法是活性污泥法的变型，用于小流量污水处理，它是一个长的环形沟，沟的端部安有卧式曝气机。曝气机是一带横轴的旋转滚筒，滚筒浸入液面7～10 cm，滚筒旋转时不断打击液面，使空气充入污水内，同时带动污水，使其以每秒0.4 m左右的速度沿环状沟运动，使固体部分悬浮和混合，加速了好氧性细菌的分解作用。氧化沟工作时消耗劳动力少，无臭味，要求沟的容量小，但需消耗动力和能量。

☞ 154. 如何处理病死鹅?

(1)深坑掩埋。病死鹅不能直接埋入土壤中,因为这样容易造成土壤和地下水被污染。作深埋时,应当建立用水泥板或砖块砌成的专用深坑。深坑长 2.5～3.6 m、宽 1.2～1.8 m。深坑建好后,要用土在其上方堆出一个 0.6～1 m 高的小坡,使雨水向四周流走,并防止重压,地表最好种上草。深坑盖有用加压水泥板,板上留有 2 个圆孔,套上 PVC 管,使坑内部与外界相连。管道的作用是作为向坑内扔死鹅的通道,因此,平时必须将管口用牢固、不透水、可揭开的顶帽盖住,在向坑里扔死鹅时,再把顶帽打开。此法简单可行,但要注意以下几点:深度不少于 2 m,以便使死鹅充分腐烂变成腐殖质。在死鹅与土坑上面及周围洒消毒药,如生石灰等。要谨防野兽(犬)及不法之人将死鹅扒走食用或贩卖,以免造成公害。坑必须远离居民区及鹅场。

(2)焚烧处理法。对病死鹅进行焚烧处理是一种常用的方法。以煤或油为燃料,在烧炉内将死鹅烧成灰烬,可以避免地下水及土壤的污染问题。但这种方法常常会产生较多的臭气,而且处理成本较高。因此,应注意其燃烧的效率,最好有二次燃烧装置,以清除臭气。此法的优点是能彻底消灭死鹅及其所携带的病原体,是一种彻底的处理方法。它适用于发生急性传染病而大批死亡的死鹅,以便迅速控制疫情,减少传染源,避免对社会带来污染和公害。焚烧炉建造的地点应远离生活区及鹅场,并在其下风向;同时焚烧炉必须装有较高的烟囱,以免污染环境。

(3)饲料化处理。病死鹅本身的营养成分丰富,蛋白含量高。如果能在彻底杀灭病原体的前提下对死鹅作饲料化处理,则可获得优质的蛋白饲料。如利用蒸煮干燥机对死鹅进行处理,通过高温高压先对死鹅作灭菌处理,然后干燥、粉碎,可获得粗蛋白含量达 60%的骨肉粉。目前我国不少鹅场将死鹅蒸煮后喂猪,猪只生长很快,但对其病原传播问题尚缺乏必要的监控。

(4)直接饲喂食肉动物。对于确非传染病死亡,经当地动物防疫检疫部门检验后确认,并在其允许的情况下,可以用来喂养貂、警犬等肉食动物。但必须注意以下几点:死鹅必须用塑料袋严格密封包装运送;喂养的肉食动物必须是笼养和圈养,不允许叼着死鹅出圈乱跑;对存放、运输工具必须严格消毒;死鹅必须是存放时间短,没有腐败变质的;肉食动物饲养场必须距养鹅场不远;这种方法不能视为常规处理法,管理不当往往容易出问题。

(5)堆肥处理。通过堆肥发酵处理,可以消灭病菌和寄生虫。在作死鹅与鹅粪的混合堆肥发酵处理时,一般按 1 份(重量)死鹅配 2 份鹅粪和 0.1 份秸秆的比例进行,这些成分分层堆积。在发酵室的水泥地面上,首先铺上 30 cm 厚的一层鹅粪,然后加一层厚约 20 cm 的秸秆,以加强透水性,并提供碳源。在这两层之上,按上述比例逐层放上死鹅、鹅粪和秸秆,在死鹅层还要适量加水。以这 3 种物质(3 层)为一组,可以按顺序放入多组混合发酵物。将最后一组放完后,顶部加上双层鹅粪。目前采用的堆肥发酵方法主要是两阶段发酵法。第一阶段发酵在主发酵室进行,约 10 天后转入辅发酵室。发酵物在辅发酵室内继续处理 1 个月左右,即可完成整个发酵过程,转化成为有机腐殖质肥。

☞ 155. 肉鹅繁育的意义是什么?

为了保证肉鹅的高产、稳产、优质,巩固固有的适应性广、耐粗饲、抗病力强等优良性状,就必须高度重视肉鹅的种质,开展正确的选种、选配工作,采用先进的现代繁育技术,结合科学的饲养管理措施,以保证肉鹅种的生产性能不断提高。如果不注意肉鹅的繁育,高产的品种和品系也可能产生退化,致使生产性能下降,抗病力减弱,严重影响养鹅生产的经济效益。因此,肉鹅的繁育是肉仔鹅生产中必不可少的关键环节,也是加速品种优良化的重要手段。

☞ **156. 怎样做好肉鹅的选种工作?**

肉种鹅是养鹅业的基础,对肉种鹅的选种称为选种。肉种鹅选择的好坏不仅影响其本身,还涉及到其后代的生产性能和生产者的经济效益。选择肉种鹅即是为了提高后代的数量与质量,是生产和效益的重要保证。具体来说,选种就是按照预定的选育目标,从肉鹅群中选择出理想型的公、母鹅作种用,淘汰较差的个体。目的在于使肉鹅的后代群体得到遗传上的改进,提高后代的生产性能。选种是选配的基础,而选配所产生的后代,又为进一步选种提供了更加丰富的种源。

根据肉鹅的体型外貌和生理特征进行选择。适合于生产商品肉鹅的种鹅,因为这种生产场的种鹅一般不进行个体的生产性能记录。根据体型外貌和生理特征选择种鹅,是肉鹅群繁育工作中通常采用的简单易行、快速的选种方法。

根据记录资料进行选择。单靠体型外貌和生理特征的选择,难以准确地选出具有优良性能,并能把优良性状真实遗传给后代的种鹅。为此,种鹅场还必须做好主要经济效益的成绩记录工作,并利用这些资料,采用适当的选择方法选种。

(1)根据系谱资料的选择。这种选择法适合于尚无生产性能记录的幼鹅、育成鹅或选择公鹅时采用。幼鹅或者育成鹅尚不能肯定它们成年后生产性能的高低,公鹅本身不产蛋,只有查它们的系谱,通过比较其祖代生产性能的记录,用以推断它们可能继承祖先繁殖性能的能力。从遗传学原理可知,血缘关系愈近的对后代的影响愈大,因此,在运用系谱资料选择种鹅时,祖先中最重要的是父母,一般着重比较亲代和祖代即可。

(2)根据本身成绩的选择。本身成绩是鹅生产性能在一定饲养管理条件下的现实表现。因此,本身成绩可作为选择种鹅的重要依据。系谱选择只能说明该个体生产性能的可能性，而本身成绩则反映了该个体实际已达到的生产水平。应该注意的是，个体本身成绩的选择只适宜于遗传力高的性状。

(3)根据同胞成绩的选择。同胞可分为全同胞和半同胞两种亲缘关系。同父同母的称为全同胞，同父异母或同母异父的称为半同胞。在选择种鹅尤其是早期选择种公鹅时，种公鹅既不产蛋，又无女儿产蛋，在这种情况下，如果鉴定种公鹅的产蛋性能，就只能根据该种公鹅的全同胞或半同胞姊妹的平均产蛋成绩来间接统计。因为，该种公鹅与其全同胞或半同胞姊妹有共同的父母或共同的父或母，在遗传结构上有一定的相似性，故其生产性能理应与其全同胞或半同胞的平均成绩接近。因此，通过全同胞或半同胞生产成绩的评定可以对种鹅的优势作出判断。而且当全同胞或半同胞数越多时，同胞均值的遗传力愈大，所以对于一些遗传力低的性状，用同胞资料进行选种的可靠性更大。此外，对于屠宰率和屠体品质等不能活体度量的性状，同胞选择就更有意义。但是同胞测验只能区别家系间的优劣，而同一家系内的个体就难以鉴别好坏。

(4)根据后裔成绩的选择。这里所说的后裔就是子女。按后裔成绩的选择主要应用于公鹅。此种选择是根据记录选择种鹅最可靠的方法。因为采用这种选择法选出的种鹅不仅可判断其本身是否为优良的个体，而且通过其后代的成绩可以判断它的优良品质是否能够真实稳定地遗传给下一代。根据后裔成绩选择种鹅历时较长，一般种鹅至少在 2 年以上。对种公鹅来说利用的时间不宜太长，但可据此建立优秀家系。

(5)根据孵化季节进行选留种鹅。早春孵出的仔鹅，由于气候环境逐渐转暖，日照时间长，育雏条件好，待孵育结束后，脱温的肉仔鹅逐渐有了较好的发育条件，生长发育快，体质健壮，因而体型大，开产早，有的品种或个体在当年就可产蛋，如 3 月份孵化，4 月份出雏，5 月份育雏，有的 8～9 月份就可开产。

(6)根据公鹅性器官的发育和精液品质选留。公鹅的性器官发育不一致，有部分公鹅的阴茎发育不全，细而小，阴茎发育好的公鹅，个体间精液数量和品质也存在着差异。选留公鹅时，开始应多留一些备种公鹅，而后再根据公鹅的配种能力进行定群选留。选留的数量，在自然交配时，可按公、母配比 1∶(4～8)选留；人工授精时，公、母比例可按 1∶(10～15)(最高为 1∶20)选留。

☞ 157. 怎样根据种鹅各阶段进行选种？

雏鹅的选种，一般是在出壳后 12 h 以内，结合称量初重及编号进行。选留的条件是，留种用的出壳肉雏鹅血统要记录清楚，来自高产个体或群体的种蛋，选留的种雏应具备该品种的特征(如绒毛、喙、肢的颜色和出壳重)，淘汰那些不符合品种要求的杂色鹅雏、弱雏鹅，包括出壳太重或太轻的干瘦、大肚脐、眼睛无神、行动不稳和畸形的肉雏鹅。被淘汰的肉雏鹅可作为生产肉仔鹅。

大雏的选择，是指雏鹅 30 日龄脱温后转群之间的留种选择。此期也是雏鹅出壳后生长速度最快的日期，30 日龄的生长速度一般为其出壳重的 14 倍，如河北承德地方白鹅 20～30 日龄的绝对增重 62.2 g。大雏选择是在出壳雏鹅选择群体的基础上进行的，选择的着眼点，主要是看发育速度、体型外貌和品种特征。具体要求是：生长发育快，脱温体重大。大雏的脱温体重，应在同龄、同群平均体重左右能上能下，高出 1～2 个标准差，并符合品种发育的要求；体型结构良好，羽毛着生情况正常，符合品种或选育标准要求；体质健康、无疾病史的个体。淘汰那些脱温体重小，生长发育落后，羽毛着生慢，以及体型结构不良的个体。

☞ 158. 如何进行后备肉种鹅的选种？

后备肉种鹅的选种是指仔鹅阶段(70～80 日龄)饲养结束后

转群前的选留。符合要求的个体转入后备种群，不符合标准的个体转入肉仔鹅育肥群。此期的仔鹅羽毛生长已丰满，主翼羽在背部要交翅，在开始褪毛时进行选种工作。肉种鹅场一般是在大雏选留群体的基础上结合称重选留公、母种鹅，一般是把品种特征典型、体质结实、生长发育快、羽绒发育好的个体留作种用。公、母肉鹅的基本要求是：后备种公鹅要求体型大，体质结实，各部结构发育均匀，肥度适中，头大适中，两眼有神，喙正常无畸形，颈粗而稍长，胸深而宽，背宽长，胸深而宽，背宽长，腹部平整，脚粗壮有力、长短适中、距离宽，行动灵活，叫声响亮。选留公鹅数要比按配种的公、母比例要求多留 20%～30% 作为后备。后备母鹅要求体重大，头大适中，眼睛灵活，颈细长，体型长而圆，前躯浅窄，后躯宽深，臀部宽大。

☞ 159. 怎样进行成年及经产肉种鹅的选种？

成年肉种鹅的选留是指选留的各后备肉种鹅已进入性成熟期，转入种肉鹅群生产阶段前，对后备肉种鹅进行复选和定选。成年肉种鹅的选种，要在后备种肉鹅选留的基础上进行严格选留和淘汰，淘汰那些体型不正常，体质弱，健康状况差，羽毛颜色、肉瘤、喙、跖、蹼颜色不符合品种要求的个体。特别是对公鹅的选留，要进一步检查性器官的发育情况，严格淘汰阴茎发育不良、阳痿和有病的公鹅，选留阴茎发育良好、性欲旺盛、精液品质优良的公鹅作种用。

经产肉种鹅是指具有 1～2 年以上生产记录的肉种鹅。产蛋结束后，根据母鹅的开产期、产蛋性能、受精率或就巢情况选留。有记录的还可以根据后代生产性能和成活率、生长速度、毛色分离等情况进行鉴定选留。

☞ 160. 优良肉种鹅的表现怎样？

优良肉种鹅生产力好主要表现在：颈短身圆，眼亮有神，性情温顺，善于觅食，生长健壮，羽毛紧密，前躯较浅，后躯较宽，臀部圆阔，脚短匀称，尾短上翘，卵泡显著，产蛋率高，具有品种特征。种母鹅必须经过一个冬春的产蛋观察才能定型，白鹅品种的母鹅须年产蛋 90 枚以上才留作种鹅；种公鹅的标准是遗传性好，发育正常，叫声洪亮，体大脚粗，肉瘤凸出，体型高大，性欲旺盛，采食力强，羽毛紧凑，健康无病，配种力强，具有显著的品种雄性特征。

☞ 161. 种鹅的选配方法有哪些？

目前肉鹅的选配通常采用同质选配和异质选配两种方法。同质选配是指选择生产性能或其他经济性状相同的优良公、母鹅交配，称为同质交配，这种交配可以增加亲代和后代的相似性，巩固和加强优良性状。如只根据个体表现，具有相似的生产性能和性状，并不了解双方系谱的情况而配种，称为表现型同质选配；如根据系谱、家系等资料，判断具有相同基因型的个体间的交配，称为基因型同质选配。近亲交配就是极端的基因型同质交配。鹅的纯种繁育多属于同质选配。

异质选配。是指选择具有不同生产性能或性状的优良公、母鹅交配，称为异质选配。这种选配可以增加后代杂合基因型的比例，降低后代与亲代的相似性，其目的是使后代获得具有亲代双方优点或一方优点的特性。鹅的品种间杂交或品系间杂交多属于异质选配。如在鹅肥肝生产中，用大型的狮头或朗德鹅公鹅与本地的小型鹅母鹅杂交，所繁殖的杂种一代，生长速度快，生活力强，填饲肥肝效果好。杂交鹅的体重增加，头颈变粗，填饲期的伤残率降低，肥肝重增加，经济效益有所提高。这种选配方法，是交配双方通过受精过程将遗传物质重新组合，综合了双亲的优点，从而丰富了群体中所选性状的遗传变异，为进一步选择提供了选种材料。因此，在鹅群繁育中，为了改良鹅群某些性状，可以采用这种方法，提高鹅群的生产品质。

需要指出的是，在鹅群繁育中，应用同质选配和异质选配时，二者既互相区别，又相互联系。即在某阶段以采用同质选配为主，而在另一阶段又以采用异质选配为主。同时也应指出，所谓的同质选配，并非要求所有性状都相同，而是着重要求所选择的主要品质要相同，至于次要性状可能是异质的，只是不要相差过于悬殊；同样，在异质选配时，所选主要性状是异质的，而某些次要性状也可以是同质的。因此，在繁育实践中，两种选配方法不可机械分割，而应根据具体情况灵活运用。

☞ 162. 肉鹅配种年龄和配种比例是多少?

种公鹅的配种年龄与品种的性成熟早晚有关。一般品种180～200日龄即达到性成熟，就有配种能力，但是一般在10～12月龄以后才开始配种。公鹅使用年限以3～4年为宜，过老的公鹅由于体质较差，其受精率也相应降低。母鹅养至7个月左右开始产蛋，开产后蛋重达到110～130 g即可进行配种。

配种的比例随着鹅的品种、年龄、配种方法、季节及饲养管理条件不同而不同。在鹅群中，如果公鹅过多，容易因争母鹅而咬斗发生死亡，或因争配而导致母鹅淹死在水中；公鹅过少时，影响蛋的受精率。因此，公、母鹅配种的比例要适当。小型品种鹅的公、母比例为1:(6～7)，而大型品种鹅为1:(4～5)。在生产实践中，公、母鹅比例的大小要根据种蛋受精率的高低进行调整。大型公鹅要少配，小型公鹅可多配；青年公鹅和老年公鹅要少配，体质强壮的公鹅可多配；水源条件好，春夏季节可以多配；水源条件差，秋冬季节可以适当少配。

☞ 163. 肉鹅配种方法有哪些?

在养鹅生产过程中，可分为大群配种和小群配种。农村往往采取大群配种的方法，即按一定的公、母比例，放入一定数量的公鹅进行配种。此种方法管理方便，但往往有个别异常强悍的公鹅霸占大部分母鹅，导致种蛋的受精率降低。这种公鹅应及时淘汰，以利提高种蛋的受精率。小群配种即用一只公鹅和几只母鹅组成一群，此种方法大部分用于专业育种场。无论大群或是小群配种，其配种方法可分为自然交配、人工辅助配种和人工授精等3种。

自然交配是将选择好的公、母鹅按比例进行饲养，让其自然交配，一般受精率是比较高的。由于鹅是水禽，有在水中交配的习性，在水中交配的受精率比在陆地上高。所以，种鹅应在水源比较丰富的地方，如浅河、池塘或水池等地饲养。

人工辅助配种是在孵化繁殖季节，为了使每只母鹅都能与公鹅交配，提高种蛋的受精率，可实行人工辅助配种。其方法是：在水面或地面上捉往母鹅的两腿和两翅膀，轻轻摇动引诱公鹅接近。当公鹅踏上母鹅背时，一只手托住母鹅，另一只手把母鹅尾羽向上提起，公鹅看到就会主动接近配种。人工辅助配种时，最好是间隔5～6天给母鹅配种1次，一只公鹅一天可配3～5只母鹅。

人工授精是在公、母鹅配种过程中，不让其自行交配，而是用人工按摩的方法，获得公鹅精液，然后借助输精器，将精液输送到母鹅的阴道内，让其受精，这种方法称为人工授精，可大大提高公鹅的利用率和种蛋的受精率。

☞ 164. 怎样进行人工采精?

采精前准备。由1人抓鹅放在台高60 cm，台面长40 cm，宽30 cm，用方凳或水果筐也可代替的采精台上，用右手固定公鹅翅膀基部的胸段，使鹅呈蹲伏姿势，鹅的后腹部悬于采精台后面便于按摩操作，左手持集精杯。另一个人用一块沾有灭菌生理盐水的棉球清洗肛门，由中央向外擦洗，此后开始按摩采精。如果人工授精用的公、母鹅，必须在产蛋前分开饲养。采精时将公鹅缓慢地赶进采精室内，待安定后再捕捉。按摩训练时应剪去公鹅泄殖腔周围的羽毛。在寒冷天气采精时，要在集精杯夹层内先装入10~42℃温水，以防止精子的冷休克。3人采精时，1人抓公鹅，用两手分别从两边抓住公鹅的两条大腿股部和两翅膀尖部，将鹅保定在胸前，使其头在右胳膊下面，1人清洗肛门后按摩，另1人持集精杯收集精液。

采精方法与精液的收集。采精人员用左手，掌心向下，大拇指和其余4指分开稍弯曲，手掌面紧贴公鹅背部，从翅膀的基部向尾部方向有秩序地进行按摩，1~2 s按摩1次，共按摩4~5次。按摩时左手挤压公鹅的尾根部，同时用右手有节奏地按摩腹部后面的柔软部，并逐渐按摩和挤压泄殖环，使阴茎勃起伸出并进行排精。1只通过按摩训练已建立良好性反射的公鹅，从采精开始到结束，需要20~30 s。但鹅品种不同，采精所需时间也不一样。如浙东白鹅性反射最快，太湖鹅和豁眼鹅性反射次之，狮头鹅和法国鹅体大，性反射较慢，因此这种鹅按摩的次数要适当多一些，采精时间也应相对长些，需要30~60 s的时间。精液可用普通的集精杯或者5~10 mL的三角量筒收集。实践证明，背腹式按摩采精是获得公鹅精液的一种有效方法。一个性反射好的公鹅，当手按摩到尾根部时，公鹅尾巴会反射性地向上翘。

☞ 165. 采精时的注意事项有哪些?

首先，按摩用力适度。按摩时用力不能过猛，否则容易引起生殖器官出血或污染精液。在采精时公鹅如果排粪，也能污染精液。其原因一是按摩手势不当，致使粪便排出；二是采精前公鹅采食过多，肠道排泄增多所致，为此在采精前4 h应停止喂料。另外持集精杯的助手，不要把集精杯靠泄殖腔太近，这样即使偶尔排一点粪便，也不容易污染精液。

其次是选好采精方式和准确部位，一般采用背腹式按摩采精法。由于按摩训练时引起性反射的部位是在尾椎根部和坐骨部，是由臂盆神经丛分出的神经纤维腹腔支神经丛分出的神经纤维支配的。所以1只性反射较好的公鹅，当手按摩臂部和尾根部时，其公鹅尾巴会反射性地向上翘起，因此按摩此部位要给予一定的压力，使之产生性反射。用左手按摩公鹅背部或用右手按摩公鹅腹部时，拇指和食指最后要按摩泄殖腔。因为此处正是含有丰富的血管体的淋巴器官，构成淋巴窦的部位，当按摩泄殖腔两侧时，刺激淋巴窦产生淋巴液流出，流入阴茎使之勃起，并使阴茎两侧的淋巴皱与内缘相接触，形成临时的精液沟，而当阴茎充分勃起时，若拇指和食指挤压的是泄殖腔的下部位，就会使处在阴茎基部背侧的输精沟呈开放式状态，精液就从阴茎基部流出。当左手(或右手)的拇指和食指挤压泄殖腔环的上部位时，就使输精沟完全闭锁，精液沿着输精沟流向阴茎末端，用集精杯就容易收到洁净的精液。根据不同品种鹅灵活掌握采精部位和时间，各品种公鹅采精方法基本相似。

☞ 166. 怎样鉴别公鹅的精液品质?

首先是看颜色。正常精液为不透明的乳白色液体，当精液稀薄时比较清淡。由于公鹅的品种不同，其精液颜色差异很大。其次是看射精量。一般为0.2～1.3 mL。精液量最多的是浙东白鹅。第三是看精子活力。在显微镜的视野下，作直线前进运动的精子活力以数量多少来衡量的。直线前进运动的精子多，表明活力强；直线前进运动的精子少，表明活力差。第四是看精子密度。用血球计数板测定每毫升精液中所含的精子数为依据的，一般是每毫升4亿～6亿个。用6.4～8.0的精密试纸测定，各品种公鹅精液的pH值基本上是中性。测量标准是没有杂质，没有污染。第五是精子抵抗力及体外活力。是以对1%氯化钠溶液的抵抗能力衡量的。精子在体外的存活力是以在2～5℃温度条件下的存活力，以及48.5℃温度下存活力来衡量的。2～5℃是经过研究证明,可以作短期保存(24 h)的适宜温度;由于家禽正常精子细胞代谢温度是 41.7℃,发生不可逆变化的蛋白质变性的温度是 55℃,二者的平均值为 48.5℃。第七是氧化还原反应及影响因素。优质的精液,可使美蓝液在 7～9 min 迅速褪色。

☞ 167.怎样给母鹅授精?

由于母鹅的泄殖腔较深,用手压迫腹部时,阴道口不易外翻,因此采用手指引导授精器,插入阴道授精;或采用仰式强压迫腹部使阴道口外翻,然后授精;以及浅部注射输精法,这些操作都较麻烦。根据母鹅生殖系统的结构特点,采用直接插入阴道输精法,操作容易,而且准确率高。助手用两手抓住母鹅翅膀根的胸段,将母鹅固定在输精台上,输精者面向母鹅尾部,先用沾有生理盐水的棉球擦洗肛门周围后,左手的食指、中指、无名指和小指并拢,将母鹅的尾巴拨向一边,大拇指紧靠着泄殖腔的下缘,轻轻向下方压迫,使泄殖腔张开,右手持盛有精液的输精器插入泄殖腔口后,并向左下方推进,输精器自然插入输卵管口内,深 5～7 cm。此时左手大拇指放松,稳住输精器,用右手输入所需的精液量,拔出输精器,助手把母鹅轻轻放在地上。授精器插入泄殖腔后,若准确插入阴道,有时母鹅的泄殖腔会排出少量淡白色分泌物。授精完毕后,擦拭使授精器洁净无污物。

☞ 168.常用的人工授精器械有哪些?

集精杯由两个棕色玻璃容器组成,外面玻璃容器类似三角烧瓶(高 10 cm,底宽 5 cm,宽 2.7 cm),作为装温水用,里面的容器是集精管,类似离心管,管长 11 cm,口宽 3 cm,管上有容量刻度,测定采精量。内容器与外容器的底部距离 0.5 cm,管口接触处经磨砂处理。没有专门集精杯时,可用 10～20 mL 的三角量筒代替。授精器用棕色玻璃制成,实际上相当于一支小嘴加长到 10 cm 的卡介苗注射器。

☞ 169. 人工授精应注意的问题是什么?

选好种公鹅。在实践中,输精深度对孵化率极为重要,在输卵管2~4 cm深处输精时,蛋的受精率为92.6%~94.6%,比在6~12 cm深处输精蛋的受精率29.2%~43.6%不但可靠,而且要高得多,其孵化率相应地为72.4%~83.2%和23.1%~30.2%。这是因为在深处(6~12 cm)输精过程中,有大量的微生物随同精液一起,通过子宫颈、子宫等生理屏障进入输卵管中,而这些微生物对精子的授精力和在胚胎的存活力,可产生有害的影响,并有可能是机械因素起有害的作用。同时在共用40只母鹅的输精3周试验中,未发现由于输精时间不同(早晨、中午、傍晚)或输精时输卵管中有硬壳蛋而使受精率和孵化率产生任何显著差别。

☞ 170. 怎样选择种蛋?

由于使用被污染种蛋孵化,会增加臭蛋,并污染正常蛋及孵化器,也会使死胎增加,孵化率下降,雏鹅质量降低。应注意蛋体卫生,假如有少数受轻度污染的蛋要入孵,一定要在入孵前认真挑选。除了立即入孵外,种用蛋在保存前不宜水洗。根据品种特点来选择(120~200 g)中等大小的鹅蛋入孵,种蛋过大影响孵化率,过小影响雏鹅出壳体重。种蛋以椭圆形为好,过长、过圆、腰鼓形、橄榄形(两头尖)等畸形蛋必须剔除。蛋壳过厚的钢皮蛋、过薄的砂皮蛋及皱纹蛋等都不宜作种蛋。蛋壳过厚孵化过程蒸发过慢,出壳困难;蛋壳过薄,蛋内水分蒸发过速,不利胚胎发育。蛋壳有裂纹的破壳蛋也不能入孵,所以,操作人员常常两只手各拿两个蛋使蛋相互碰撞发出声音,或者两只手各拿一个蛋相互轻轻敲碰,完整无损的蛋,其声音清脆,破损的蛋可听到破裂声,这是检查破蛋的重要方法。

☞ 171. 怎样保存种蛋?

掌握合适的温度。由于受精蛋在蛋的形成过程中已开始发育,产出母体外,胚胎发育暂时停止。而后,在适当的外界环境下又开始发育。当环境温度较高,但只要这种温度达不到胚胎发育的适宜温度,则胚胎发育是不完全和不稳定的,容易造成胚胎早期死亡。当环境温度长时间过低时(如 0℃),虽然胚胎发育可仍处于静止休眠状态,但胚的活力下降,以至死亡。这就有一个胚胎发育的临界温度即生理零度的问题。据研究 24℃是胚胎发育的生理零度,所以,蛋保存温度应低于 24℃,据证明 13~16℃较好。

保持适宜的湿度。种蛋保存期间,蛋内水分通过气孔不断蒸发,其速度与保存室里的相对湿度成反比。为了尽量减少蛋内水分蒸发,必须提高室内湿度,一般保持 75%~85%为合适。

新鲜而无破损的蛋,其蛋白具有杀菌特性,对微生物的杀菌力较大,但长期保存后,这种杀菌特性就会急剧降低。长期保存后,蛋内水分蒸发多,导致蛋内的 pH 值改变,引起系带和蛋黄膜变脆。种蛋保存时间长,由于各种酶的活动,引起胚胎的衰老及营养物质的变性,降低了胚胎的活力。由于蛋壳表面的细菌繁殖危及胚胎,所以注意保存时间。为了防止蛋黄胚盘与壳膜粘连,以致胚胎早期死亡,必须进行翻蛋,也称转蛋。一般认为,种蛋保存时间在 1 周以内,不必转蛋,超过 1 周,最好每天进行 1~2 次转蛋。所谓转蛋,只要改变蛋的角度就行,如改变蛋架车角度或用手把放蛋容器分别改变高度 1~2 次就可以完成。种蛋在适当的环境中保存 2 周以内,孵化率下降幅度小;保存 2 周以上,孵化率下降较显著;保存 3 周以上,则孵化率急剧下降。一般种蛋保存 7 天以内为宜,不要超过 2 周。如果无适宜的保存条件,原则掌握为:天气凉爽保存时间可相对长些;严冬酷暑,保存时间应相对短些。所以,在可能的情况下,种蛋越早入孵越好。保存时间过长,孵化难以获得理想效果。

☞ 172. 种蛋消毒的常用方法有哪些?

这里只介绍甲醛熏蒸消毒法,并且只适用于放置4天以后的种蛋。一般在鹅舍或孵化厂的消毒室进行消毒,每立方米用42 mL 福尔马林和21 g高锰酸钾,温度在20～24℃,相对湿度75%～80%的条件下,烟熏20 min,效果很好,可杀死蛋壳上的病原体的95%～98.5%。如在孵化机里消毒,则在入孵后马上进行,一般采用福尔马林28 mL、高锰酸钾14 g,烟熏20 min。在国内,多采用入孵时消毒,每立方米空间用福尔马林14 mL、高锰酸钾7 g,烟熏0.5～1 h。在实际操作中还可以在蛋盘架上罩以塑料薄膜,进行消毒。这样缩小了体积,可节约用药量。

☞ 173. 用甲醛熏蒸消毒法时有哪些注意事项?

种蛋在孵化器里熏蒸消毒时,应避开24～96 h胚龄的胚蛋,4天以后的种蛋。因为上述药物对24～96 h胚龄的胚胎有不利影响。福尔马林(40%)与高锰酸钾的化学反应剧烈,又具有很大腐蚀性,所以应采用陶瓷或玻璃容器,先加少量温水,后加高锰酸钾,再加入福尔马林。种蛋从蛋库移出或从鹅舍送至孵化场消毒室后,种蛋壳上凝有水珠,若熏蒸则对胚胎不利,应当尽量避免,方法是提高温度,待水珠蒸发后,再进行消毒。

☞ 174. 怎样提高孵化率?

第一,增加通风换气次数,提高供氧量。鹅胚发育到18～20日龄时,胚胎耗氧量急剧增加,到出壳为止,每天每个胚胎的耗氧量高达约800 mL,相当于人体2～3 min的需氧量,所以孵化机的通风孔应尽可能地开大,以保证氧气的供应。当然,到后半期在摊床上孵至出壳就不存在氧气和通风不足问题,这就是目前国内产孵化机用以孵化鹅蛋时,往往出雏率没有摊床上高的原因。在25~26天前的鹅胚是以简单的扩散作用通过蛋壳上微小气孔进行氧气交换的,28天左右便用喙啄破胎膜和内外壳膜,把喙伸到气室里开始了肺呼吸。但此时肺功能尚未健全,外壳未破(称之内破期)之前,气体交换的方式仍是通过蛋壳上的气孔采用扩散和交流联合的方式进行,直到外壳吸破,全部用肺呼吸的外破期为止,这段时间6~8 h。这个气体代谢类型的更替过程,就是由尿囊呼吸逐渐转变为肺呼吸的过程,相当重要。它与该阶段的通风换气及正常的胚胎位置关系密切,所以,落盘时间应安排在内破期(约26天)前进行。同时,应适当增加通风量或凉蛋等管理措施,以帮助胚胎过好这一关。由于胚胎内破后的耗氧量增加,往往带来胚胎蛋温偏高现象。适当增加孵化机内的湿度,特别是夏季孵化或者看胎施温技术不熟练时,防止胚蛋过热将有助于出壳和孵化率的提高。

第二,加强孵化场的管理。孵化虽然只是养鹅业的一个部分,但是,管理孵化场的经理对养鹅业的知识、信息、市场行情等方面情况,也要像知道孵化一样多才行,当然对孵化场的各种问题要能自己动手解决,否则很难成为一个好的管理者。具体应做好如下几个方面的工作:

(1)完整的记录。这是至关重要的一步。记录包括种蛋品种,入孵日期、孵化成绩、出壳日期、苗鹅去向、防疫记录,孵化过程中的技术记录(温度、湿度、照蛋记录等),以及每批的财政收支(耗电、水、管理工资)等,由孵化操作人员负责记录,这些内容都列成表格。经理可根据完成情况和效益决定操作人员的报酬。

(2)孵化场内外要保持干净整齐。包括粉刷面的干净,各种物品、设备都旋转有条有理,办公室清洁卫生。

(3)苗鹅分发处外人不得入内,外单位来取苗鹅的容器时不允许进入孵化场内,应备有专用的苗鹅篮,每次用完必须消毒。

(4)如果种蛋来自未经小鹅瘟免疫过的种母鹅,出壳后的苗鹅必须注射小鹅瘟血清,以保证饲养户雏期的安全。

(5)要求孵化人员尽责尽心。①每天需要检查每台孵化机和出雏机具内的温度和相对湿度4~6次,使用的干球和湿球温度计应当准确保证它们能正常反映情况。②经常检查转动的机械和警报系统,确保运转正常。③对提供种蛋的养鹅场,应备有单独的记录备查考和总结。④认真做孵化记录表内规定的各项工作内容,并且书写清楚,以便发现问题及时解决。⑤入孵后7~8天,进行第1次照蛋,剔除死胚蛋,如需要可适当并位,以腾出空位再套孵下一批。⑥入孵第25~26天,必须把鹅胚蛋移出壳箱里(或在摊床上),再结合进行第2次照蛋,剔除死胚。这对提高出雏成绩好处极大。

(6)正确运用孵化成绩计算方法。

受精率=入孵种蛋的受精蛋总数÷入孵种蛋总数×100%

孵化率=出雏总数÷受精蛋总数×100%

☞ 175. 肉雏鹅的雌雄鉴别方法有哪些?

雏鹅的雌雄鉴别通常采用以下方法:

(1)外形鉴别法。一般雄雏鹅体格较大,身子较长,头较大,颈较长,嘴甲较长而阔,眼较圆,翼角无绒区,腹部稍平贴,站立的姿势比较直;雌雏鹅的体格稍小,身躯较短圆,头较小,颈较短,嘴甲短而窄,眼较长圆,翼角有绒毛,腹部稍下垂,站立的姿势有点倾斜。

(2)翻肛法。雏鹅的雌雄鉴别,当其外形及动作都不易判断时,就可根据生殖器官来鉴别。先把雏鹅捉住,并仰卧固定,然后用拇指和食指把肛门轻轻拨开,再稍加压力向外翻,使内部外露,如有螺旋状而不大的阴茎突起,即为雄雏鹅,如肛门只有三角瓣形皱褶的，便是雌雏鹅。

(3)羽毛鉴别法。有色的鹅，如灰鹅，雄的羽色总是比雌的稍淡些。

(4)顶肛法。其操作方法是：左手捉鹅，以右手的中指在鹅的肛门（泄殖腔）外部轻轻往上顶，如果感觉到有一粒油菜子或芝麻粒大小的东西，即为雄雏鹅；如果无这种感觉，便是雌雏鹅。运用此法时，要求中指的敏感性要强，此法需要较长时间的反复实践，才能熟练掌握。

(5)捏肛法。因为雄雏鹅的生殖器比较发达，长约 0.5 cm，呈螺旋形，在泄殖腔（肛门口）的下方，而雌雏鹅则无，易于鉴别。具体操作方法是：以左手捉小鹅使其背朝上，腹朝下，并以拇指和食指轻轻抓住鹅颈，用右手的拇指和食指在鹅的肛门（泄殖腔）外部轻轻一捏，若手指间可感觉到油菜子或芝麻粒大小的突起，即是雄的，否则是雌的。初学者可多捏摸几次，但用力要轻，更不能来回搓动，以免伤其肛门。用此法鉴别小鹅的性别较为准确。除了体型较小的鹅种有时会有 1%左右的差错外，一般都可达到 100%的准确率。

(6)动作行为鉴别法。母鹅自孵的雏鹅，若在大母鹅面前试行追赶雏鹅，如果是低头伸颈发出惊恐鸣声的为雄雏鹅；高昂着头，不断发出叫声的为雌雏鹅，一般雄鹅的鸣声高、尖、清晰；雌鹅的鸣声沉浊、低粗。

参 考 文 献

1 丁余荣,苏东顿．肉鹅高效饲养88天．南京:江苏科学技术出版社,1998
2 萨仁娜．简明饲料配方手册．北京:中国农业大学出版社,2002
3 吴素琴．养鹅生产指南．北京:农业出版社,1991
4 韩占兵,朱士仁．良种鹅高效生产技术．郑州:中原农民出版社,2000
5 焦库华,陈同宏．科学养鹅与疾病防治．北京:中国农业出版社,2001
6 刁有祥．禽病学．北京:中国农业出版社,1996
7 郭玉璞．家禽传染病诊断与防治．北京:中国农业大学出版社,1994
8 董瑞璠．现代养鹅技术．北京:中国农业科技出版社,1990
9 陈耀王,等．实用养鹅技术．北京:农业出版社,1990
10 尹兆正．养鹅实用技术．北京:中国农业大学出版社,1999
11 徐锡良,等．肉用鹅饲养法．北京:中国农业出版社,1997
12 曹霄,等．肉用仔鹅高效饲养技术．上海:上海科技出版社,1995
13 陈育新．中国水禽．北京:中国农业出版社,1997
14 董潘波．家禽常用药物手册．北京:金盾出版社,1993
15 陈建红,等．水禽常见病诊断．北京:中国农业出版社,2000
16 朱坤喜,等．禽病防治．上海:上海科技出版社,1996
17 闫继业．畜禽药物手册．北京:金盾出版社,1997
18 孔繁瑶．家禽寄生虫学．北京:中国农业大学出版社,1997
19 呙于明．家禽营养与饲料．北京:中国农业大学出版社,1997
20 朱模忠．兽药手册．北京:中国农业出版社,1994
21 李世云,等．鹅养殖及产品加工．北京:科技文献出版社,1994
22 蔡宝祥．家禽传染病学．北京:中国农业出版社,2000
23 王宗元．动物营养代谢病和中毒病学．北京:中国农业出版社,1997
24 唐南杏．禽蛋孵化新技术．上海:上海科技出版社,1989

图书在版编目(CIP)数据

肉鹅生产技术问答/李帮文,张帆,廉爱玲主编．—北京:中国农业大学出版社,2003.8

(全方位养殖技术丛书)

ISBN 978-7-81066-632-9

Ⅰ．肉… Ⅱ．①李… ②张… ③廉… Ⅲ．肉用型-鹅-饲养管理-问答 Ⅳ．S835-44

中国版本图书馆 CIP 数据核字(2003)第 040673 号

出版发行 中国农业大学出版社
经　销 新华书店
印　刷 北京时代华都印刷有限公司
版　次 2003 年 8 月第 1 版
印　次 2009 年 5 月第 4 次印刷
开　本 32　6.25 印张　159 千字
规　格 850×1 168
定　价 11.50 元

图书如有质量问题本社负责调换

社址 北京市海淀区圆明园西路 2 号　**邮政编码** 100193
电话 010-62732633　**网址** www.cau.edu.cn/caup

致读者

为提高“三农”图书的科学性、准确性、实用性，推进“三农”出版物更加贴近读者，使农民朋友确实能够“看得懂、用得上、买得起”的优秀“三农”图书进一步得到市场的认可、发挥更大的作用，中央宣传部、新闻出版总署和农业部于2006年6～7月份组织专家对“三农”图书进行了认真评审，确定了推荐“三农”优秀图书150种(套)(新出联〔2006〕5号)。我社共6种(套)名列其中：

无公害农产品高效生产技术丛书

新编21世纪农民致富金钥匙丛书

全方位养殖技术丛书

农村劳动力转移职业技能培训教材

科学养兔指南

养猪用药500问

这些图书自出版以来，深受广大读者欢迎，近来一次性较大量购买的情况较多，为方便团体购买，请客户直接到当地新华书店预购，特殊情况可与我社联系。联系人董先生，电话010－62731190，司先生，010－62818625。

中国农业大学出版社

2006年9月